AF359321

FAUNE

DU DÉPARTEMENT

DE LA CHARENTE-INFÉRIEURE,

PAR ÉDOUARD BELTREMIEUX,

Membre de l'Académie de la Rochelle (Section des Sciences naturelles).

(Extrait des Annales de l'Académie de la Rochelle.)

LA ROCHELLE,

TYPOGRAPHIE DE G. MARESCHAL, IMPRIMEUR DE LA PRÉFECTURE

1864

FAUNE

DU DÉPARTEMENT

DE LA CHARENTE-INFÉRIEURE.

FAUNE

DU DÉPARTEMENT

DE LA CHARENTE-INFÉRIEURE,

Par Édouard BELTREMIEUX.

Membre de l'Académie de la Rochelle (Section des Sciences naturelles).

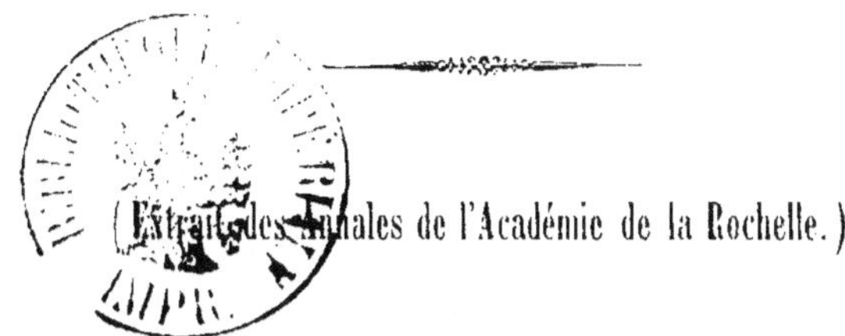

(Extrait des Annales de l'Académie de la Rochelle.)

LA ROCHELLE,

TYPOGRAPHIE DE G. MARESCHAL, IMPRIMEUR DE LA PRÉFECTURE.

—

1864

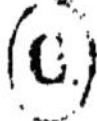

FAUNE

DU DÉPARTEMENT

DE LA CHARENTE-INFÉRIEURE.

Je livre au public une œuvre imparfaite, qui aurait demandé trop de temps, pour être, sinon exempte d'erreurs, au moins aussi complète que possible. Avec le désir ardent de voir chaque département publier sa Faune et sa Flore, j'offre à notre Société des Sciences naturelles la Faune de la Charente-Inférieure, comptant sur l'indulgence que doit obtenir un travail rempli de difficultés.

Notre département, avec un climat tempéré sur les bords de l'Océan, entouré de rochers, de dunes et de marais, formé, au nord, de terrains jurassiques, au sud, de terrains crétacés, traversé par des rivières et des cours d'eau, présente une Faune des plus riches sous le rapport des animaux marins.

Les tempêtes assez fréquentes en automne et en hiver, jettent sur nos côtes des espèces appartenant souvent à des contrées lointaines.

Les animaux qui composent notre Faune sont sédentaires ou de passage.

Les mammifères, dans ce pays peu accidenté et partout cultivé, ne sont ni nombreux ni variés ; dans les digitigrades, la Genette mérite quelque attention, son existence ayant été mise en doute plus d'une fois, et plus d'une fois aussi ayant été signalée dans l'Aunis. Le procès-verbal de la séance du 9 mai 1781, de l'Académie de la Rochelle, donne l'indication suivante : « Observations sur un point d'histoire naturelle de M. de Buffon, dans lesquelles l'auteur fait voir que la Genette, animal que l'on croyait ne se trouver en Europe, qu'en Espagne et en Turquie, est assez commune dans le pays d'Aunis, par M. de la Ville-marais. » Ailleurs nous voyons qu'elle se rencontrait non seulement en Espagne, mais dans le midi de la France, jusque dans la Gascogne.

Si la Genette a été commune autrefois en Aunis et si aujourd'hui elle y est devenue assez rare, le doute de son existence dans nos contrées n'est plus possible puisqu'elle a été trouvée encore dernièrement dans nos environs.

Dans les cétacés, quelques espèces sont intéressantes ; le Balénoptère rorqual et le Dauphin bridé *(Delphinus marginatus*, Duvernoy), ont été pris dans notre rade. La Baleine, même, vivait autrefois dans nos parages, et les Basques, les premiers, se sont livrés à cette pêche dans le golfe de Gascogne.

Les oiseaux sont très-nombreux ; nous en trouvons en assez grand nombre qui viennent du loin s'abattre sur nos côtes, tels que le Gypaète barbu et l'Aigle criard qui habitent les montagnes. Le circaète Jean-Leblanc et le Grand-Duc sont rares dans les forêts de la Saintonge.

Le Martin roselin ou merle rose, la Sitelle et le Tichodrôme se rencontrent quelquefois dans le département. Nos musées de la Rochelle possèdent plusieurs Syrrhaptes ; ce gallinacé habite la Tartarie, et Ch. Bonaparte aurait laissé entrevoir qu'on le trouve peut-être en Europe, dans l'Europe orientale sans doute ? Quoi qu'il en soit de l'habitation désignée par Temmink ou Degland, trois Syrrhaptes ont été pris au mois d'octobre 1863, dans l'île d'Oleron. Quelle est la cause d'un aussi long voyage ; à quoi attribuer le passage, qui semble bien extraordinaire, d'un gallinacé venant des bords de la Caspienne, se faire tuer sur les côtes de France, sur les bords de l'Océan atlantique ? Deux captures semblables auraient été faites cette même année, l'une dans la baie de la Somme, au mois de juillet, l'autre en Vendée, au mois de décembre ! Les ailes de ces gallinacés sont très-allongées, les pattes velues, munies de trois doigts et privées du pouce.

Les échassiers et les palmipèdes offrent beaucoup

d'oiseaux rares, tels que l'Ibis falcinelle, tué dans le mois de septembre dernier aux environs de la Rochelle, le Stercoraire cataracte et le Mergule nain jetés par les tempêtes sur nos côtes du département.

Les reptiles comprennent peu d'espèces, mais qui sont pour la plupart assez communes. La Chélonie-franche et la Tortue caouanne cependant, sont toutes deux très-rares, et l'Océan nous en a donné quelques individus.

Les poissons renferment des espèces plus ou moins communes propres à nos côtes et des espèces rares originaires quelquefois des mers du Nord ou de la Méditerranée. Parmi ces dernières, l'Espadon, l'Anarrhique loup et le Tétrapture sont pris quelquefois sur notre rade. Une bande de Capros et une Cépole ruban se sont jetées en juin 1858 dans les filets de nos pêcheurs. Le Makaira, le Centrolophe nègre, le Lépidope argenté et les Exocets sont également de passage et très-rares. Le 2 septembre 1860 un Exocet volant est venu s'abattre sur les bords du quai Duperré.

La Mole lune, le Milandre, le Griset, la Raie Cuvier traversent rarement notre rade.

Les insectes, les myriapodes et les arachnides ne sont pas traités dans cette énumération ; ils feront l'objet d'études postérieures.

Les crustacés et les cirrhipèdes sont presque tous marins et à ce titre ils offrent un intérêt particulier aux régions maritimes. Les Pises, l'Eurynome et la Homole épineuse sont des décapodes que nous ne trouvons que rarement. Les cirrhipèdes sont peu nombreux ; quelques-uns , le Cinéras, l'Otion, le Pouce-Pied et plusieurs espèces d'Anatifes et de Balanes sont rares sur nos côtes ; ils sont plutôt jetés sur nos plages avec les objets sur lesquels ils sont fixés.

Les annélides seront représentées ici par les principales espèces des quatre ordres. Les helminthes étant parasites , ne sont pas propres à notre pays , et pour ce motif, sont écartés de cette nomenclature.

Les céphalopodes (les ptéropodes sont exotiques), les gastéropodes, les acéphales, les tuniciers et les Bryozoaires sont en grande partie marins. La Janthine fragile , le Cabochon bonnet-hongrois , etc. , sont assez rares. L'Avicule de Tarente, la Pholade striée habitent les mers profondes.

Les échinodermes, les acalèphes , les polypiers et les spongiaires sont représentés par les principales espèces de nos côtes maritimes. L'Astérie exiguë et l'Astérie glaciale, les Holothuries , les Siponcles et les Physalies sont peu communes.

Ne voulant aller au-delà des espèces de ce département, je ne fais qu'un catalogue raisonné de nos animaux indigènes ou de passage, ayant le soin d'exclure les animaux domestiques ; je laisse donc de côté les espèces exotiques ou fossiles qui semblent souvent servir de lien à la chaîne des êtres. Les Ichthyosaures ne paraissent-ils pas en effet servir de

passage entre les poissons et les reptiles, les Ptéro-
dactyles entre les reptiles et les oiseaux ? D'un autre
côté, si nous nous rapprochons de la limite qui sépare
l'animal du végétal, nous voyons disparaître des dis-
tinctions qui tout d'abord semblent être des interruptions et des sauts considérables de la nature ; « *Natura
non agit saltatim.* »

S'il existe bien des solutions de continuité dans la
série animale ou végétale, bien des lacunes qu'il serait
impossible de combler, ne peut-on pas les expliquer
par les diverses formes d'espèces qui, se trouvant
arrêtées dans leur développement par une cause
quelconque qui interrompt leur durée, les fait disparaître de la Faune ou de la Flore sans avoir pu
laisser d'espèces vivantes ou fossiles comme témoins de
leur existence ?

Nous voyons des hiatus dans la succession des divers
étages géologiques diminuer par suite des découvertes
récentes et la période triasique par exemple, qui
laissait une lacune entre le trias moyen et le lias
inférieur, voit le vide se combler par la rencontre
dans les Alpes autrichiennes, d'une Faune marine
presque inconnue jusqu'à présent et offrant peut-être
800 espèces de mollusques et de rayonnés appartenant au trias supérieur. Les interruptions séparant
d'autres formations sont également appelées à disparaître un jour.

Devant cette obligation de passer sous silence les
espèces fossiles et les espèces exotiques, la transition

insensible d'un être à l'autre n'est pas possible. Ne pouvant alors prendre comme point du départ au bas de l'échelle animale les spongiaires , pour suivre sur la terre l'introduction , à des époques successives, de la vie des êtres inférieurs , de la sensation, de l'instinct et de l'intelligence des animaux supérieurs , j'établirai isolément chaque classe que je me propose de traiter en commençant par les mammifères.

Les espèces collectionnées dans le musée Fleuriau sont suivies des lettres M. F. Ne pouvant citer toutes les localités où les diverses espèces viennent s'arrêter, je n'en cite généralement qu'une ou deux.

Quelques-uns de nos cirrhipèdes , de nos échinodermes , de nos acalèphes et de nos polypiers, sont représentés dans plusieurs planches que je dois à l'obligeance de M. L. de Richemond.

VERTÉBRÉS.

MAMMIFÈRES. (CLASSIF. DE CUVIER).

ORDRE DES CARNASSIERS.

FAMILLE DES CHEIROPTÈRES.

Rhinolophe unifer ou Grand fer à cheval, *Rhinolophus unihastatus* (Géoff.) Très-rare , se tient dans les souterrains et sous les voûtes.

Rhinolophe bifer ou Petit fer à cheval, *Rhinolophus bihastatus* (Géoff.) Très-rare , se tient dans les troncs d'arbres.

Vespertilion murin, *Vespertilio murinus* (Lin.) Assez rare, habite les maisons peu fréquentées, les clochers et les édifices en ruine. M. F.

Vespertilion noctule, *Vespertilio noctula* (Lin.) Très-commun partout, voltige le soir au crépuscule, surtout près des eaux. M. F.

Vespertilion serotine, *Vespertilio serotinus* (Lin.) Assez commun dans les caves et les maisons peu habitées, vole à la nuit. M. F.

Vespertilion pipistrelle, *Vespertilio pipistrellus* (Gm.) Rare, voltige le soir près des habitations et habite le jour les vieux bâtiments.

Oreillard commun, *Plecotus communis* (Lin). Assez commun, se tient dans les maisons et les granges. M. F.

FAMILLE DES INSECTIVORES.

Hérisson d'Europe, *Erinaceus europœus* (Lin.) Commun partout, dans les buissons surtout. Il détruit les insectes. M. F.

Musaraigne commune, *Sorex araneus* (Lin.) Commune partout et surtout dans les jardins. M. F.

Musaraigne d'eau, *Sorex fodiens* (Gm.) Assez commune partout près des cours d'eau.

Taupe d'Europe, *Talpa Europea* (Lin.) Très-commune partout. M. F.

FAMILLE DES PLANTIGRADES.

Blaireau d'Europe, *Ursus meles* (Lin.) Assez commun, il est nuisible, bouleverse les terres et fait des ravages dans les poulaillers. M. F.

FAMILLE DES DIGITIGRADES.

Putois ordinaire, *Mustela putorius* (Lin.) Assez commun, fait du ravage dans les basses-cours. M. F.

Putois belette. *Mustela vulgaris* (Lin.) Très-commune partout, surtout dans les bois taillis , près des villages et des habitations , égorge les volailles. M. F.

Marte fouine, *Mustela foina* (Lin.) Très-commune partout, dans les greniers , égorge et dévore les volailles. M. F.

Marte commune , *Mustela martes* (Lin.) Très-rare , se tient dans les bois. M. F.

Loutre commune, *Lutra vulgaris* (Erxl.) Assez commune partout, et dans les endroits surtout où il y a de l'eau. M. F.

Loup ordinaire, *Canis lupus* (Lin.) Assez rare , forêts du département.

Renard vulgaire , *Vulpes vulgaris* (Lin.) Assez commun partout où il y a quelques bois ; il est à redouter dans les basses-cours. M. F.

Genette commune, *Genetta vulgaris*. Assez rare aux environs de la Rochelle. M. F.

ORDRE DES RONGEURS.

Écureuil commun, *Sciurus vulgaris* (Cuv.) Rare , on en rencontre dans les bois de pin de Montguyon.

Loir ordinaire , *Myoxus glis* (Gm.) Très-rare, se trouve dans les bois et les forêts du midi du département.

Loir lerot, *Myoxus nitela* (Gm.) Très-commun dans les champs et les jardins, il dévore les fruits. M. F.

Rat ordinaire, *Mus rattus* (Lin.) Très-commun partout, dans les maisons et les greniers surtout. M. F.

Rat surmulot, *Mus decumanus* (Pal.) Très-commun partout, dans les égoûts et les caves ; il fait la guerre aux rats ordinaires et les détruit. M. F.

Rat souris, *Mus musculus* (Lin.) Très-commun partout. M. F.

Rat mulot, *Mus sylvaticus* (Lin.)-Assez commun, forêt de Benon et autres lieux boisés, détruit les récoltes.

Rat campagnol, *Mus arvalis* (Lin.) (vulgairement petit rat des champs). Très-commun partout dans les champs.

Campagnol rat d'eau, *Mus amphibius* (Lin.) Très-commun aux bords des eaux. M. F.

Lièvre commun, *Lepus timidus* (Lin.) Très-commun partout. M. F.

Lapin commun, *Lepus cuniculus* (Lin.) Très-commun partout dans les bois ; animal nuisible. M. F.

ORDRE DES CÉTACÈS.

Dauphin ordinaire, *Delphinus delphis* (Lin.) Assez rare, rade de la Rochelle. M. F.

Dauphin grand souffleur, *Delphinus tursio* (Bonnaterre). Très-rare, passe au large. M. F.

Dauphin à bec mince, *Delphinus rostratus* (Cuv.) Très-rare dans nos mers.

Dauphin bridé, *Delphinus marginatus* (Duvernoy). Très-rare. Un individu placé au Musée Fleuriau a été pris il y a environ vingt-cinq ans dans notre rade. M. F.

Marsouin commun, *Delplinus phocœna* (Lin.) Très-commun dans l'avant-port de la Rochelle. M. F.

Balénoptère rorqual, *Balœna musculus* (Lin.) Très-rare. Un individu, placé au Musée Fleuriau de la Rochelle, a été pris il y a environ vingt-cinq ans, près de l'île d'Oleron. M. F.

OISEAUX (CLASSIF. DE DEGL.)

ORDRE DES ACCIPITRES.

FAMILLE DES DIURNES.

Gypaète barbu, *Gypaetos barbatus* (Cuv.) Très-rare, de passage accidentel; habite les Alpes et les Pyrénées. Un individu placé au Musée Fleuriau de la Rochelle, a été tué à l'île d'Oleron il y a vingt ans. M. F.

Faucon ordinaire, *Falco peregrinus* (Gm.) Très-rare, passage accidentel dans les grands froids.

Faucon cresserelle, *Falco Tinnunculus* (Lin.) (vulgairement l'Émouchet). Très-commun, sédentaire; niche dans les clochers, les vieux murs et les troncs des arbres. M. F.

Faucon hobereau, *Falco subbuteo* (Lin.) Assez peu commun, niche dans les arbres et les toitures. M. F.

Faucon émérillon, *Falco lithofalco* (Gm.) Assez commun, sédentaire, niche et habite dans les bois (Aigrefeuille). M. F.

Aigle criard, *Aquila nœvia* (Briss.) Très-rare, passage accidentel à l'île de Ré. M. F.

Pygargue ordinaire, *Haliaetus albicella* (Ch. B.) (vulgairement l'aigle orfraie). Rare, passage accidentel en hiver principalement (Esnandes, île de Ré). M. F.

Circaète Jean Leblanc, *Circaetus gallicus* (Vieill.) Très-rare, se trouve quelquefois dans les forêts de la Saintonge.

Milan royal, *Milvus regalis* (Briss.) Très-rare, passage accidentel. Un individu, placé au Musée Fleuriau, a été tué à Rompsay dans les environs de la Rochelle. M. F.

Buse vulgaire, *Buteo vulgaris* (Ch. B.) Commune, passe en automne et se tient dans les bois. M. F.

Buse pattue, *Buteo lagopus* (Vieill.) Rare, passage irrégulier (Beauregard-Nuaillé). M. F.

Bondrée commune, *Pernis apivorus* (Cuv.) Rare, passage irrégulier, niche dans les arbres (Beauregard-Nuaillé). M. F.

Busard ordinaire, *Circus rufus* (Schl). Assez rare, passe au printemps et à l'automne, se tient près des marais où il niche. M. F.

Busard Saint-Martin, *Circus cyanus* (Schleg.) Rare, passage irrégulier dans les marais des environs de la Rochelle. C'est le mâle du Busard soubuse. M. F.

Busard cendré ou montagu, *Circus cinereus* (Schleg). Assez rare, passage irrégulier, niche dans les arbres. (Beauregard et Nuaillé, arrondissement de la Rochelle). M. F.

Epervier commun, *Astur nisus* (Schleg.) Commun partout, sédentaire, niche dans les bois. M. F.

Épervier autour, *Astur palumbarius* (Temm.) Très rare, passage accidentel.

FAMILLE DES NOCTURNES.

Chouette hulotte, *Strix aluco* (Mey et Wolf.) (vulgairement le chat-huant). Très-commune partout, sédentaire, niche dans les grands arbres. M. F.

Chouette chevêche, *Strix passerina* (Gm.) Assez commune, sédentaire, niche dans les clochers et les édifices en ruine.

Chouette effraie, *Strix flammea* (vulgairement fresaie) (Lin.) Sédentaire, très-commune dans les maisons et les clochers où elle niche. M. F.

Hibou brachyote, *Strix brachyotos* (Forster). Assez commun, se tient dans les arbres. M. F.

Hibou grand duc, *Strix bubo* (L.) Très-rare, se tient dans les grands arbres des forêts de la Saintonge.

Hibou moyen duc, *Strix otus* (L.) Sédentaire, assez commun, se tient dans les grands arbres. M. F.

Hibou scops, *Strix scops* (L.) Assez commun partout, niche dans les vieux murs. M. F.

ORDRE DES SYLVAINS.

ZYGODACTYLES.

FAMILLE DES PICS.

Pic vert, *Picus viridis* (L.) Sédentaire, assez commun, habite et niche dans les marais de Nuaillé, Aigrefeuille etc. M. F.

Pic épeiche, *Picus major* (Lin). Assez rare, passage au printemps. M. F.

Pic mar, *Picus medius* (L.) Assez rare, passe en été, se tient dans les bois et les jardins. M. F.

Pic épeichette, *Picus minor* (Lin.) Assez rare, passe en été. M. F.

Torcol verticille, *Yunx torquilla* (L.) De passage au printemps et à l'automne ; assez commun, niche dans les murs. M. F.

FAMILLE DES COUCOUS.

Coucous gris, *Cuculus canorus* (Lin.) Passage régulier au printemps et à l'été. Il niche dans les arbres. M. F.

Coucou geai, *Cuculus glandarius* (Lin.) De passage très-rare, ne niche pas ici.

ANYZODACTYLES.

FAMILLE DES FRINGILLES.

Bec croisé ordinaire, *Loxia curvirostra* (Lin.) Rare, passe en hiver. M. F.

Bouvreuil ordinaire, *Pyrrhula Europœa* (Vieill.) Assez rare, passe en automne. M. F.

Bouvreuil cini, *Pyrrula serinus* (Schleg.) Assez commun, passe en automne. M. F.

Grosbec ordinaire, *Coccothraustes vulgaris* (Vieill.) Assez commun, passe en automne et en hiver. M. F.

Verdier ordinaire, *Chlorospiza chloris* (Ch. B.) Assez commun, souvent sédentaire ; niche dans les arbres et les haies. M. F.

Moineau domestique, *Passer domesticus* (Briss.)
Très-commun partout, sédentaire, niche principalement
sous les tuiles. M. F.

Moineau friquet, *Passer montanus* (Keys et Blas).
Sédentaire, commun dans les bois surtout où il niche.
M. F.

Moineau soulcie, *Passer petronia* (Degl.) Assez
commun, passe à l'automne et se tient dans les bois. M. F.

Pinson ordinaire, *Fringilla cœlebs* (Lin.) Commun,
souvent sédentaire, il niche dans les arbres et principalement dans les fruitiers. M. F.

Pinson d'Ardennes, *Fringilla montifringilla* (Lin.)
Assez commun, passe en hiver. M. F.

Chardonneret élégant, *Carduelis elegans* (Steph.)
Commun, passage à l'automne, il niche dans les vergers
et dans les arbres de la lisière des bois. M. F.

Chardonneret tarin, *Carduelis spinus* (Degl.)
Commun, passe régulièrement à l'automne et séjourne
quelquefois. M. F.

Linotte ordinaire, *Cannabina linota* (Gray.)
Très-commune du printemps à l'automne, niche dans les
buissons. M. F.

Bruant jaune, *Emberiza citrinella* (Lin.) Commun
du printemps à l'automne, niche dans les haies. M. F.

Bruant zizi ou des haies, *Emberiza cirlus* (Lin.)
Assez commun en hiver. M. F.

Bruant ortolan, *Emberiza hortulana* (Lin.) Assez
commun du printemps à l'automne. Niche dans les haies.
M. F.

Bruant des roseaux, *Emberiza schœniculus* (Lin.) (vulgairement charbonnier), assez commun de l'automne à l'hiver. M. F.

Bruant des marais, *Emberiza pyrrhuloïdes* (Pall.) Assez commun, du printemps à l'automne, niche dans les roseaux, sur le bords des marais. M. F.

Bruant proyer, *Emberiza miliaria* (Lin.) Assez commun en hiver et au printemps, niche dans les haies et les champs. M. F.

Bruant fou, *Emberiza cia* (Lin.) Assez commun, arrive en hiver, reste au printemps; niche dans les arbres, les buissons et partout. M. F.

Bruant de neige, *Emberiza nivalis* (Lin.) Peu commun, passe en automne et en hiver. M. F.

FAMILLE DES MÉSANGES.

Mésange charbonnière, *Parus major* (Lin.) Commune surtout en automne et en hiver, souvent sédentaire; se tient et niche dans les buissons, les bois et les jardins qu'elle affectionne principalement en hiver. M. F.

Mésange noire, *Parus ater* (Lin.) (vulgairement la petite charbonnière). Assez rare, passe au printemps et à l'automne; niche dans les buissons, les bois et les jardins. M. F.

Mésange nonnette, *Parus palustris* (Lin.) Peu commune, se trouve au printemps, quelquefois sédentaire; se tient et niche dans les buissons, les bois et les jardins. En hiver elle se tient dans les jardins. M. F.

Mésange bleue, *Parus cœruleus* (Lin.) Très-commune, sédentaire, se tient et niche comme les précédentes. M. F.

Mésange à longue queue, *Parus caudatus* (Gm.) Peu commune, se trouve plutôt en hiver ; niche dans les jardins. M. F.

Mésange à moustaches, *Parus biarmicus* (Lin.) Rare aux environs de la Rochelle, se trouve au printemps dans les marais, niche dans les buissons. Elle est commune dans l'arrondissement de Marennes. M. F.

Roitelet huppé, *Regulus cristatus* (Briss.) Commun, de passage et sédentaire ; niche dans les arbres. M. F.

Roitelet tête-de-feu, *Regulus ignicapillus* (Tem.) Assez rare, passe en hiver, se tient dans les haies, les bois et les jardins. M. F.

FAMILLE DES CORBEAUX.

Corbeau ordinaire, *Corvus corax* (Lin.) Peu commun dans les bois et les champs en automne et en hiver surtout. M. F.

Corbeau corneille, *Corvus corone* (Lin.) Assez commun dans les bois et les champs. M. F.

Corbeau mantelé, *Corvus cornix* (Lin.) Rare, passe à l'automne et en hiver. M. F.

Corbeau freux, *Corvus frugilegus* (Lin.) Très-rare, de passage à l'automne.

Corbeau choucas, *Corvus monedula* (Lin.) Très-rare, se tient dans les bois. M. F.

Pie ordinaire, *Pica caudata* (Lin.) Très-commune, niche dans les grands arbres. M. F.

Geai ordinaire, *Garrulus glandarius* (Vieill.) Assez commun, sédentaire dans les bois où il niche. M. F.

FAMILLE DES ÉTOURNEAUX.

Étourneau vulgaire, *Sturnus vulgaris* (Lin.) Assez commun, passe du printemps à l'automne, niche dans les troncs d'arbres près des marais. M. F.

Martin roselin, *Pastor roseus* (Tem.) (vulgairement le merle rose). Très-rare, on en a tué plusieurs dans les environs de la Rochelle. M. F.

FAMILLE DES COTINGAS.

Jaseur ordinaire, *Bombycilla garrula* (Vieill.) Très-rare, de passage accidentel, ne niche pas ici. M. F.

FAMILLE DES CHÉLIDONS.

Hirondelle de cheminées, *Hirundo rustica* (Lin.) Commune, arrive en avril et part en septembre ; elle niche sous les corniches des maisons et des cheminées. M. F.

Hirondelle de fenêtres, *Hirundo urbica* (L.) Commune, niche sous les tuiles, les hangars et dans les fenêtres ; elle arrive en avril et part en septembre. M. F.

Hirondelle de rivage, *Hirundo riparia* (Lin.) Assez commune, se tient et niche près des cours d'eau, arrive en avril et part en septembre. M. F.

Martinet noir, *Cypselus apus* (Vieill.) Très-commun, arrive en mai et part en août ; niche dans les murs. M. F.

Engoulevent vulgaire, *Caprimulgus Europæus* (Lin.) Assez rare, passe de mai à septembre, se tient dans les bois, vole au crépuscule et niche dans les troncs d'arbres. M. E.

FAMILLE DES GOBE-MOUCHES.

Gobe-mouche gris, *Muscicapa grisola* (Gm.) Commun à la fin de l'été ; il niche dans les buissons. M. F.

Gobe-mouche noir, *Muscacapa atricapilla* (Lin.) (vulgairement Bec-figue). Assez commun du printemps à l'automne ; niche dans les haies et les arbres. M. F.

FAMILLE DES PIES-GRIÈCHES.

Pie-grièche grise, *Lanius excubitor* (Lin.) Assez commune, sédentaire, niche dans les haies et les bois. M. F.

Pie-grièche d'Italie, *Lanius minor* (Gm.) (vulgairement Poitrine-rose). Rare, passe accidentellement. M. F.

Pie-grièche rousse, *Lanius rufus* (Briss.) Commune, passe du printemps à l'automne ; niche dans les buissons. M. F.

Pie-grièche écorcheur, *Lanius collurio* (Gm.) Assez commune, passe du printemps à l'automne ; niche dans les buissons. M. F.

FAMILLE DES ALOUETTES.

Alouette des champs, *Alauda arvensis* (Lin.) Très-commune, sédentaire ; niche sur les bords des prés. M. F.

Alouette cochevis, *Alauda cristata* (Lin). Très-commune, sédentaire ; elle niche sur les bords des champs. M. F.

Alouette lulu. *Alauda arborea* (Lin). Assez rare. M. F.

Alouette calandrelle, *Alauda brachydactyla* (Tem.) Peu commune, de passage, se trouve en automne surtout, et sur les bords de la mer. M. F.

Alouette calandre, *Alauda calandra* (Lin.) Assez rare, passe à l'automne. M. F.

FAMILLE DES MOTACILLES.

Pipi rousseline, *Anthus campestris* (Bescht.) Assez commun dans les prés où il niche. Il passe du printemps à l'automne. M. F.

Pipi des prés, *Anthus pratensis* (Bescht.) Assez commun, recherche les prés humides où il niche; fait son passage du printemps à l'automne. M. F.

Pipi des arbres, *Anthus arboreus* (Bescht.) Commun, se tient à terre et dans les arbres, niche dans les prés et les endroits garnis de broussailles.

Pipi spioncelle, *Anthus spinoleta* (Degl.) Assez commun, se tient souvent dans les lieux humides et niche dans les pierres; il fait son passage du printemps à l'automne. M. F.

Bergeronnette grise, *Motacilla alba* (Lin.) (vulgairement Hoche-queue lavandière). Commune, de passage à l'automne et au printemps, quelquefois sédentaire; niche dans les champs. M. F.

Bergeronnette yarell, *Motacilla Yarellii* (Gould.) Assez commune, passe à l'automne, elle est quelquefois sédentaire. M. F.

Bergeronnette boarule, *Motacilla boarula* (Gm.) Commune, passe du printemps à l'automne, quelquefois sédentaire; elle niche dans les champs près des ruisseaux. M. F.

Bergeronnette printanière, *Motacilla flava* (Lin.) Très-commune, passe du printemps à l'automne ; niche dans les champs près des eaux. M. F.

Bergeronnette de Ray, *Motacilla rayi* (Degl.) Assez commune du printemps à l'automne; niche dans les champs.

FAMILLE DES LORIOTS.

Loriot jaune, *Oriolus galbula* (L.) Assez commun, passe d'avril à octobre ; niche dans les bois. M. F.

FAMILLE DES MERLES.

Merle noir, *Turdus merula* (Lin.) Sédentaire, commun ; niche dans les haies. M. F.

Merle grive, *Turdus musicus* (Lin.) Commun, de passage au printemps et à l'automne ; niche dans les arbres. M. F.

Merle draine, *Turdus viscivorus* (L.) Assez commun, sédentaire, niche dans les buissons. M. F.

Merle litorne, *Turdus pilaris* (Lin.) Assez commun, de passage de l'hiver au printemps ; niche dans les arbres. M. F.

Merle mauvis, *Turdus iliacus* (Lin). Assez rare, de passage de l'automne au printemps ; niche dans les buissons. M. F.

Merle à plastron. *Turdus torquatus* (Lin). Assez rare, niche quelquefois à son passage du printemps, il est plus commun au passage d'automne : il fait son nid au pied des buissons. M. F.

Traquet motteux, *Saxicola œnanthe* (Tem.) (vulgairement le Culblanc). Assez commun, passe du printemps à l'automne ; niche dans les pierres. M. F.

Traquet strapazin, *Saxicola Strapazina* (Tem.) Rare, passe du printemps à l'automne. M. F.

Traquet tarier, *Saxicola rubetra* (Lin). Assez commun, passe du printemps à l'automne ; niche dans les haies. M. F.

Traquet rubicole, *Saxicola rubicola* (T.) Commun, passe du printemps à l'automne ; niche dans les champs, sur les pierres. M. F.

Rubiette rouge-queue, *Erithacus phœnicurus* (Degl.) Assez rare, passe du printemps à l'automne ; niche dans les troncs d'arbres et les vieux édifices. M. F.

Rubiette rossignol, *Erithacus luscinia* (Degl.) Commune du printemps à l'automne, elle est quelquefois sédentaire ; niche dans les buissons. M. F.

Rubiette tithys, *Erithacus tithys*, (Degl.) Assez rare, passe du printemps à l'automne ; niche dans les troncs d'arbres et les vieux édifices. M. F.

Rubiette rouge-gorge, *Erithacus rubecula* (Degl.) Commune, passage du printemps à l'automne, quelquefois sédentaire ; niche dans les haies ; l'hiver elle se rapproche des habitations. M. F.

Rubiette gorge-bleue, *Erithacus cyanecula* (Degl.) Assez rare aux environs de la Rochelle, mais assez commune à Marennes ; passe du printemps à l'automne, niche dans les haies. M. F.

Accentor alpin, *Accentor alpinus* (Bescht.) Rare, passage accidentel en hiver. M. F.

Accentor mouchet, *Accentor modularis* (Tem.) (vulgairement traîne-buisson). Assez commun, souvent sédentaire; niche dans les buissons. M. F.

Fauvette à tête noire, *Sylvia atricapila* (Tem.) Assez commune, passe d'avril à septembre; niche dans les haies et les jardins. M. F.

Fauvette des jardins, *Sylvia hortensis* (Tem.) Assez commune, arrive en avril, part en octobre; niche dans les buissons et les arbrisseaux. M. F.

Fauvette babillarde, *Sylvia curruca* (Lath.) Assez commune, passe du printemps à l'automne; niche dans les buissons et les taillis. M. F.

Fauvette orphée, *Sylvia orphea* (Tem.) Assez rare, passe du printemps à l'automne; niche dans les buissons. M. F.

Fauvette grisette, *Sylvia cinerea* (Tem.) Commune, passe du printemps à l'automne; niche dans les buissons. M. F.

Fauvette pittechou, *Sylvia provincialis* (Gm.) Rare, passe en été.

Pouillot fitis, *Phyllopneuste trochilus* (Ch. B.) (vulgairement Bec-fin pouillot). Peu commun, passe du printemps à l'automne, habite les bois et les jardins; niche à terre dans les feuilles.

Pouillot sylvicole, *Phyllopneuste sylvicola* (Degl.) Assez commun, passe de mai à août; niche à terre dans les troncs d'arbres. M. F.

Hyppolaïs lusciniole, *Hippolaïs polyglotta* (Degl.) (vulgairement fauvette des marais). Peu commun, passe du printemps à l'automne; niche dans les roseaux. M. F.

Rousserole turdoïde, *Calamoherpe turdoïdes* (Ch. B.) Assez commune, passe du printemps à l'automne, niche dans les roseaux. M. F.

Rousserole effarvate, *Calamoherpe arundinacea* (Boie.) (vulgairement Fauvette des roseaux). Assez commune, passe d'avril à septembre ; niche dans les roseaux. M. F.

Cettie bouscarle, *Cettia cetti* (Degl.) Très-rare, paraît du printemps à l'automne ; niche dans les haies près des eaux. M. F.

Phragmite des joncs, *Phragmites calamodyta* (Ch. B.) Assez commune, passe du printemps à l'automne ; niche dans les roseaux. M. F.

Troglodite d'Europe, *Troglodites Europœus* (Ch B.) Commun, sédentaire ; niche dans les haies. Dans les froids il s'approche des habitations. M. F.

FAMILLE DES GRIMPEREAUX.

Sitelle torchepot, *Sitta Europœa* (Lin.) Rare, sédentaire ; niche dans les bois. M. F.

Grimpereau familier, *Certhia familiaris* (Lin.) Assez commun, sédentaire ; il niche dans les troncs d'abres. M. F.

Tichodrôme échelette, *Tichodroma muraria* (Ch. B.) Très-rare, se tient près des habitations ; passage irrégulier. M. F.

FAMILLE DES HUPPES.

Huppe vulgaire, *Upupa epops* (Lin.) (vulgairement le puput). Assez commune, passe du printemps à l'automne ; se tient dans les bois et niche dans les troncs d'abres. M. F.

FAMILLE DES ALCYONS.

Martin-pêcheur vulgaire, *Alcedo hispida* (Lin.) Commun sur les côtes et les courants d'eau ; niche dans les trous des rochers et des arbres. M. F.

ORDRE DES PIGEONS.

FAMILLE DES COLOMBIENS.

Colombe tourterelle, *Columba turtur* (Lin.) Assez commune dans les bois , passe du printemps à l'automne ; niche dans les arbres. M. F.

ORDRE DES GALLINACÉS.

FAMILLE DES PERDRIX.

Perdrix rouge, *Perdix rubra* (Briss.) Commune , sédentaire dans les champs où elle niche ; (devient de moins en moins commune). M. F.

Perdrix grise, *Perdix cinerea* (Briss.) Commune , sédentaire dans les champs où elle niche. M. F.

Perdrix caille, *Perdix coturnix* (Lathr.) Commune en automne et au printemps , quelquefois sédentaire ; niche dans les champs. M. F.

Syrrapte hétéroclite , *Syrrhaptes heteroclitus* (Vieill.) Passage accidentel , très-rare ; trois individus ont été tués à Oleron en octobre 1863. M. F.

ORDRE DES ÉCHASSIERS.

ÉCHASSIERS PRESSIROSTRES.

FAMILLE DES OUTARDES.

Outarde barbue, *Otis tarda* (Lin.) Très-rare, de passage accidentel (Châtelaillon , près la Rochelle). M. F.

Outarde canepétière, *Otis tetrax* (Lin.) Assez rare, de passage (Angoulins , près la Rochelle). M. F.

FAMILLE DES PLUVIERS.

Œdicnème criard, *Œdicnœmus crepitans* (Tem.) Assez rare, de passage (Châtelaillon , près la Rochelle). M. F.

Pluvier guignard, *Pluvialis morinellus* (Briss.) Assez commun, passe en avril sur les côtes des environs de la Rochelle.

Pluvier gravelotte, *Charadrius minor* (Mey.) (vulgairement Petit pluvier à collier.) Commun en avril, à Esnandes ; niche dans les roseaux. M. F.

Pluvier doré, *Charadrius pluvialis* (Lin.) Assez commun, passe en avril sur les côtes des environs de la Rochelle. M. F.

Pluvier à collier interrompu, *Charadrius cantianus* (Lath.) Peu commun, passe en hiver, Esnandes. M. F.

Huitrier pie, *Hœmatopus ostralegus* (Lin.) Commun, passe au printemps ; niche sur les côtes. (Esnandes). M. F.

Glaréole giarole, *Pratincola glareola* (Degl.) Rare, de passage accidentel sur nos côtes. M. F.

Vanneau huppé, *Vanellus cristatus* (Mey). Très-commun, passe en avril et niche sur les bords de la mer. (Esnandes, etc.) M. F.

Vanneau suisse, *Vanellus helveticus* (Degl.) (vulgairement Pluvier). Très-commun, passe en avril et niche sur les bords de la mer. (Esnandes, etc.) M. F.

ÉCHASSIERS CULTIROSTRES.

FAMILLE DES GRUES.

Grue cendrée, *Grus cinerea* (Tem.) Très-rare, passage accidentel. M. F.

FAMILLE DES HÉRONS.

Héron cendré, *Ardea cinerea* (Lin.) Assez commun, passe à l'automne. M. F.

Héron pourpré, *Ardea purpurea* (Lin.) (vulgairement Héron roux). Très-rare, passe à l'automne. M. F.

Héron crabier, *Ardea comata* (Pall.) Assez rare, passe à l'automne. M. F.

Héron butor, *Ardea stellaris* (Lin.) Assez commun, passe à l'automne. M. F.

Héron blongios, *Ardea minuta* (Gm.) Très-rare, passe à l'automne. M. F.

Héron bihoreau, *Ardea nycticorax* (Lin.) Très-rare, passe accidentellement à l'automne. (Côtes de chef de Baie, à la Rochelle, etc.) M F.

Cigogne blanche, *Ciconia alba* (Bescht.) Très-rare, passage accidentel à Saint-Maurice, près la Rochelle. M. F

Cigogne noire, *Ciconia nigra* (Bescht.) Très-rare, passage accidentel. M. F.

Spatule blanche, *Platalea leucorodia* (Gm.) Rare, passe à l'automne. M. F.

ÉCHASSIERS LONGIROSTRES.

FAMILLE DES BÉCASSES.

Ibis falcinelle, *Ibis falcinellus* (Vieill.) Très-rare, passage accidentel ; deux individus ont été tués à Cherterre, près la Rochelle, en septembre 1863, et sont placés au Musée Fleuriau. M. F.

Courlis cendré, *Numenius Arquata* (Lath.) (vulgairement le grand Courlis). Très-commun, passe du printemps à l'automne ; (Esnandes et Angoulins, près la Rochelle). M. F.

Courlis courlieu, *Numenius phæopus* (Lath.) (vulgairement le petit Courlis). Assez commun, passe du printemps à l'automne ; (Esnandes). M. F.

Courlis à bec grêle, *Numenius tenuirostris* (Ch. B.) Rare, passe au printemps et à l'automne ; (Esnandes). M. F.

Barge commune, *Limosa œgocephala* (Degl.) Assez oommune, passe du printemps à l'automne ; niche dans les joncs humides sur les côtes. M. F.

Barge rousse, *Limosa rufa* (Briss.) (vulgairement le Tirançon). Assez commune aux environs de la Rochelle, passe au printemps et à l'automne. M. F.

Barge cendrée ou terese, *Limosa cinerea* (Degl). Assez commune, passe du printemps à l'automne.

Combattant ordinaire, *Macheles pugnax* (Cuv.) Assez commun, passe en avril; (Esnandes, Angoulins). M. F.

Chevalier aboyeur, *Totanus glottis* (Tem.) Commun en avril; (Esnandes). M. F.

Chevalier gambette, *Totanus calidris* (Bescht.) Commun, passe au printemps; (Esnandes). Il niche dans les prés marécageux. M. F.

Chevalier brun, *Totanus fuscus* (Mey. et Wolf.) Peu commun, passe du printemps à l'automne sur les côtes maritimes.

Chevalier cul-blanc, *Totanus ochropus* (Tem). Commun, passe au printemps à Esnandes; niche dans les herbes aux bords de la mer. M. F.

Chevalier guignette, *Totanus hypoleucos* (Degl.) Assez commun, passe en avril; (Esnandes, Angoulins).

Bécasse major, *Scolopax major* (Gm.) (vulgairement Bécassine double). Assez rare, passe à l'automne. M. F.

Bécasse bécassine, *Scolopax gallinago* (L). Commune, passe du printemps à l'automne, quelquefois sédentaire. M. F.

Bécasse sourde, *Scolopax gallinula* (Gm.) Assez commune, passe au printemps et à l'automne. M. F.

Bécasse ordinaire, *Scolopax rusticola* (Lin.) Assez commune, passe à l'automne et à l'hiver. M. F.

Bécasseau maubèche, *Tringa canutus* (Ch. B.) Très-commun, passe en avril; (Esnandes, Angoulins). M. F.

Bécasseau corcoli, *Tringa subarquata* (Tem.) (vulgairement Alouette de mer. Assez rare, passe à l'automne sur nos côtes. M. F.

Bécasseau cincle, *Tringa cinclus* (Keys et Blas). (vulgairement Alouette de mer). Commun en toutes saisons ; niche sur les côtes, dans les marais. M. F.

Bécasseau brunette, *Tringua torquata* (Degl.) Assez commun sur nos côtes, passe du printemps à l'automne.

Bécasseau minule, *Tringa minuta* (Leisler). (vulgairement Échasse). Assez rare, passe sur les côtes du printemps à l'automne. M. F.

Bécasseau temmia, *Tringa temminkii* (Leisler). Très-rare, passe à l'automne. M. F.

Sanderling des sables, *Arenaria calidris* (Mey et Wolf.) Assez rare, vient à l'automne.

Tournepierre vulgaire, *Strepsilas interpres* (Ch. B.) Assez commun à son passage d'automne (Esnandes). M. F.

FAMILLE DES PHALAROPES.

Phalarope dentelé, *Phalaropus fulicarius* (Ch. B.) Très-rare, passe en avril et en octobre. M. F.

ÉCHASSIERS PALMIPÈDES.

FAMILLE DES RÉCURVIROSTRES.

Récurvirostre avocette, *Recurvirostra avocetta* (Lin.) Assez rare, passage à l'automne.

ÉCHASSIERS MACRODACTYLES.

FAMILLE DES RALES.

Rale d'eau, *Rallus aquaticus* (Gm.) Commun. sédentaire. niche dans les roseaux. M. F.

Rale de genet, *Rallus crex* (Gm). Commun, passe au printemps et à l'automne, se tient et niche dans les joncs. M. F.

Rale marouette , *Rallus porzana* (L.) Commun, sédentaire ; niche dans les roseaux. M. F.

Rale poussin , *Rallus pusillus* (Gm.) Assez commun, passe en avril.

Poule d'eau ordinaire, *Gallinula chloropus* (Lath.) Très-commun, sédentaire ; niche dans les joncs et les roseaux. M. F.

Foulque noire ou macroule, *Fulica atra* (Gm.) Sédentaire, commune ; niche dans les joncs et les roseaux (Esnandes, etc.) M. F.

ORDRE DES PALMIPÈDES.

PALMIPÈDES LONGIPENNES.

FAMILLE DES MOUETTES.

Stercoraire cataracte , *Stercorarius cataractes* (Vieill.) Très-rare : un individu pris en avril 1863, sur nos côtes , est placé au musée Fleuriau. M. F.

Stercoraire pomarin . *Stercorarius pomarinus* (Vieill.) Très-rare , passe accidentellement. Le musée Fleuriau en possède un individu. M. F.

Stercoraire longicaude, *Stercorarius longicaudatus* (Briss.) Très-rare, passe accidentellement. Un individu tué sur nos côtes est placé au musée Fleuriau. M. F.

Goéland marin , *Larus marinus* (Lin.) vulgairement

Goëland à manteau noir.) Assez commun, vient sur nos côtes dans les tempêtes. M. F.

Goëland brun, *Larus fuscus* (Lin.) (vulgairement Goëland à pieds jaunes). Commun et sédentaire sur nos côtes où il niche. M. F.

Goëland argenté, *Larus argentatus* (Brunn.) (vulgairement Goëland à manteau gris). Commun, sédentaire sur nos côtes où il niche. M. F.

Goëland bourgmestre, *Larus glaucus* (Br.) Assez commun sur nos côtes dans les mauvais temps. M. F.

Goëland cendré, *Larus canus* (Lin.) (vulgairement Mouette à pieds bleus). Assez commun à l'automne sur nos côtes. M. F.

Goëland mélanocéphale, *Larus melanocephalus*, (Natterer.) (vulgairement Mouette à capuchon noir). Commun dans les mauvais temps sur nos côtes où il niche. M. F.

Goëland rieur, *Larus ridibundus* (Gm.) (vulgairement Mouette rieuse. Commun dans les mauvais temps sur nos côtes où il niche. M. F.

Sterne pierre garin, *Sterna hirundo* (Lin.) Très-commune sur nos côtes. Elle niche dans les rochers.

Sterne petite, *Sterna minuta* (Lin.) Commune sur nos côtes. M. F.

Sterne épouvantail, *Sterna fissipes* (Lin.) Commune sur nos côtes. Niche dans les roseaux. M. F.

FAMILLE DES PROCELLAIRES.

Petrel fulmar, *Procellaria glacialis* (Gm.) Très-rare, vient sur nos côtes dans les tempêtes. M. F.

Puffine cendré, *Puffinus cinereus* (Ch. B.) Rare, passe à l'automne sur nos côtes. M. F.

Puffin manks, *Puffinus anglorum* (Ch. B.) Rare, vient en hiver sur nos côtes. M. F.

Thalassidrôme de tempêtes, *Thalassidrôma pelagica* (Ch. B.) Peu commun, s'approche de nos côtes dans les tempêtes. M. F.

PALMIPÈDES TOTIPALMES.

FAMILLE DES PÉLICANS.

Cormoran ordinaire, *Phalacrocorax carbo* (Cuv.) Rare, passe en hiver sur nos côtes. M. F.

Fou de bassan, *Sula bassana* (Briss.) Paraît quelquefois en hiver sur nos côtes dans les tempêtes. M. F.

PALMIPÈDES LAMELLIROSTRES.

FAMILLE DES CANARDS.

Oie vulgaire, *Anser sylvestris* (Briss.) Assez rare, passe en hiver. M. F.

Oie cendrée, *Anser cinereus* (Mey). Peu commune, passe en hiver.

Oie cravant, *Anser bernicla* (Tem.) Assez commune, passe en hiver. M. F.

Oie bernache, *Anser leucopsis* (Bescht.) Assez rare, passe dans les grands froids.

Cygne sauvage, *Cygnus ferus* (Briss.) Rare, passage accidentel dans les froids, sur les côtes du département. M. F

Cygne tuberculé , *Cygnus olor* (Vieill.) Rare et de passage accidentel dans les froids. (île de Ré). M. F.

Canard tadorne, *Anas tadorne* (Lin.) Peu commun. paraît en hiver (Esnandes, etc.) M. F.

Canard souchet, *Anas clypeata* (Lin.) Assez rare, passe en hiver (Esnandes).

Canard sauvage , *Anas boschas* (Lin.) Commun en hiver, niche dans les terres. M. F.

Canard pilet, *Anas acuta* (Lin.) Assez commun en hiver (Esnandes). M. F.

Canard Ridenne, *Anas strepera* (Lin.) (vulgairement le Chipeau). Assez commun en hiver (Esnandes). M. F.

Canard siffleur, *Anas penelope* (Lin.) Commun en hiver (Esnandes). M. F.

Canard sarcelle, *Anas querquedula* (Lin.) (vulgairement Sarcelle d'été). Assez commun du printemps à l'automne , se reproduit quelquefois ici. M. F.

Canard sarcelline, *Anas crecca* (Lin.) (vulgairement Sarcelle d'hiver). Très-commun en hiver et au printemps, se reproduit ici. M. F.

Canard garrot, *Anas clangula* (Lin.) Très-rare, passe en hiver (Esnandes). M. F.

Fuligule milouinan , *Fuligula marila* (Ch. B.) Assez rare, passe au printemps (Esnandes). M. F.

Fuligule milouin, *Fuligula ferina* (Keys et Blas). Assez commune, paraît sur nos côtes au printemps et à l'automne. M. F.

Fuligule morillon , *Fuligula cristata* (Ch. B.) Assez commune l'hiver à Esnandes. M. F.

Fuligule nyroca , *Fuligula nyroca* (Keys et Blas). (vulgairement Petit milouin ou canard à iris blanc). Très-rare , passe en hiver (Esnandes). M. F.

Fuligule macreuse , *Fuligula nigra* (Degl.) Très-commune l'hiver à Esnandes. M. F.

Fuligule brune, *Fuligula fusca* (Degl.) (vulgairement la grande Macreuse. Assez commune . passe en hiver (Esnandes).

Harle bièvre, *Mergus merganser* (Lin). Rare, passage accidentel l'hiver (Angoulins . près la Rochelle). M. F.

Harle huppé, *Mergus serrator* (Lin.) Assez commun , passe en hiver (Angoulins). M F.

Harle piette , *Mergus albellus* (Lin.) (vulgairement petit Harle). Assez rare , passe en hiver (Angoulins). M. F.

PALMIPÈDES BRACHYPTÈRES.

FAMILLE DES PLONGEONS.

Plongeon imbrim , *Colymbus glacialis* (Lin.) (vul-gairement grand Plongeon). Très-rare , passe en hiver sur les côtes des environs de la Rochelle ; ne se rencontre pas à l'état vieux. M. F.

Plongeon lumme, *Columbus arcticus* (Gm.) Peu rare, passe en hiver aux environs de la Rochelle. M. F.

Plongeon cat-marin , *Colymbus septentrionalis* (Gm.) Assez rare, vient en hiver sur nos côtes.

FAMILLE DES GRÈBES.

Grèbe huppé, *Podiceps cristatus* (Lath.) Assez rare . passe à l'automne , principalement aux environs de la Rochelle. M. F.

Grèbe jougris, *Podiceps rubricolis* (Lathr.) Rare, se trouve en automne à Esnandes. M. F.

Grèbe esclavon, *Podiceps cornutus* (Lath.) Rare, passe au printemps et à l'automne aux environs de la Rochelle. M. F.

Grèbe oreillard, *Podiceps auritus* (Lath.) Assez rare, passe aux environs de la Rochelle à l'automne. M. F.

Grèbe castagneux, *Podiceps minor* (Lath.) Assez commun en automne sur nos côtes. M. F.

FAMILLE DES ALQUES.

Guillemot troïle, *Uria troïle* (Lath.) (vulgairement Guillemot à capuchon). Assez commun en hiver sur les côtes de la Rochelle. M. F.

Guillemot gryllé, *Uria grylle* (Lath.) (vulgairement Guillemot à miroir blanc ou grand Guillemot). Assez rare, passe en hiver sur les côtes de la Rochelle. M. F.

Mergule nain, *Mergulus alle* (Ch. B.) (vulgairement le petit Guillemot). Très-rare, passage accidentel en avril, côtes de la Rochelle. M. F.

Macareux moine, *Fratercula arctica* (Vieill.) Assez commun, passe en hiver et au printemps (Esnandes). M. F.

Pingouin torda, *Alca torda* (Lin.) Assez commun, passe en hiver (Esnandes). M. F.

REPTILES. (CLASS. DE DUM.)

ORDRE DES CHÉLONIENS.

FAMILLE DES THALASSITES.

Chélonie franche, *Chelonia mydas* (Lin.) Rare, plusieurs ont été prises accidentellement dans notre rade, poussées sur nos côtes par les tempêtes. M. F.

Tortue caouanne, *Testudo caretta* (Gm.) Rare : plusieurs ont été prises sur nos côtes. M. F.

ORDRE DES SAURIENS.

FAMILLE DES LACERTIENS.

Lézard des souches, *Lacerta stirpium* (Daud.) Très-commun partout, sédentaire. M. F.

Lézard des sables, *Lacerta arenicola* (Daud.) Peu commun, sédentaire sur nos côtes sablonneuses. M. F.

Lézard vert, *Lacerta viridis* (Daud.) Assez commun partout, sédentaire. M. F.

Lézard à deux raies, *Lacerta bilineata* (Daud.) Très-commun partout, sédentaire. M. F.

Lézard des murailles, *Lacerta muralis* (Dum.) Très-commun partout, sédentaire. M. F.

FAMILLE DES SCINCOÏDIENS OU LÉPIDOSAURES.

Seps chalcide, *Seps chalcides* (Ch. B.) Très-rare.

Orvet fragile, *Anguis fragilis* (Lin.) Assez commun partout, sédentaire. M. F.

ORDRE DES OPHIDIENS.

FAMILLE DES SYNCRANTÉRIENS.

Tropidonote à collier, *Tropidonotus natrix* (Schl.) Commun, sédentaire. M. F.

Tropidonote vipérin, *Tropidonotus viperinus* (Schl.) Assez commun, sédentaire. M. F.

Coronelle lisse, *Coronella lœvis (Austriacus)* (Laur.) Peu commune, dans les lieux sablonneux, sédentaire. M. F.

Coronelle bordelaise, *Coronella girundica* (Dum.) Assez rare, sédentaire. M. F.

FAMILLE DES DIACRANTÉRIENS.

Zaménis vert-jaune, *Zamenis viridi-flavus* (Wagl.) Très-commun partout, sédentaire. M. F.

Zamenis vert-jaune, var. d'Esculape *Zamenis viridi-flavus, var. Œsculapii* (Sch.) Assez rare, sédentaire. M. F.

Zamenis vert-jaune, var. Glaucoïde, *Zamenis viridi-flavus, var. Glaucoïdes* (Miller.) Assez rare, sédentaire. M. F.

FAMILLE DES VIPÉRIENS.

Pélias bérus, *Pelias berus* (Marrem.) Commun, sédentaire. M. F.

Vipère commune, *Vipera aspis* (Marrem.) (vulgairement Aspic). Assez commune, sédentaire. M. F.

ORDRE DES BATRACIENS.

FAMILLE DES RANIFORMES.

Grenouille verte, *Rana viridis* (Rœsel.) Très-commune, sédentaire comme tous les batraciens. M. F.

Grenouille rousse, *Rana temporaria* (L.) Très-commune. M. F.

FAMILLE DES HYLŒFORMES.

Rainette verte, *Hyla viridis* (Laur.) Très-commune. M. F.

FAMILLE DES BUFONIFORMES.

Crapaud commun, *Bufo vulgaris* (Laur.) Très-commun. M. F.

Crapaud vert, *Bufo viridis* (Laur.) Très-commun. M. F.

Crapaud vert, var. des joncs, *Bufo calamita* (Gm.) Très-commun. M. F.

FAMILLE DES SALAMANDRIDES.

Salamandre terrestre ou tachetée, *Salamandra maculosa* (Laur.) Assez commune dans les lieux humides. M. F.

Triton crêté, *Triton cristatus* (Laur.) Assez rare, dans les fontaines. M. F.

Triton marbré, *Triton marmoratus* (Loth.) Assez commun dans les fontaines. M. F.

Triton ponctué, *Triton punctatus* (Loth.) Assez commun dans les fontaines. M. F.

Triton palmipède, *Triton palmatus* (Schl.) Assez commun dans les fontaines. M. F.

POISSONS. (CLASSIF. DE CUV.)

ORDRE DES ACANTHOPTÉRYRIENS.

FAMILLE DES PERCOÏDES.

Perche commune, *Perca fluviatilis* (L.) Commune dans les rivières. M. F.

Bars commun ou loubine, *Labrax lupus* (Cuv.) Assez commun du printemps à l'automne dans la rade de la Rochelle. M. F.

Serran commun, *Serranus cabrilla* (Val.) Rare, vient de la Méditerranée.

Grand serran, *Serranus gigas* (Cuv.)? (vulgairement Merou). Rare, vient de la Méditerranée.

Vive commune, *Trachinus draco* (Lin). Commune en été sur les côtes de la Rochelle. M. F.

Mulle surmulet, *Mullus surmuletus* (Lin.) (vulgairement Barbarin). Assez commun en été et en automne, se tient au large. M. F.

Mulle rouget, *Mullus barbatus* (Lin.) Assez rare, paraît en été et en automne, se tient au large. M. F.

FAMILLE DES JOUES CUIRASSÉES.

Trigle rouget commun, *Trigla pini* (Bl.) Très-commun presqu'en toutes saisons sur nos côtes. M. F.

Trigle rouget camard, *Trigla lineata* (Bl.) Assez rare dans notre rade. M. F.

Trigle perlon, *Trigla hirundo* (Bl.) Assez commun dans notre rade au printemps.

Trigle gurnard, *Trigla gurnardus* (Lin.) Très-commun en toutes saisons. M. F.

Trigle lyre, *Trigla lyra* (Lin.) Assez rare, se trouve surtout au printemps. M. F.

Trigle grondin rouge, *Trigla cuculus* (Bl.) Très-commun sur nos côtes presqu'en toutes saisons. M. F.

Trigle cavillone, *Trigla aspera* (Viviani). Assez rare.

Trigle morrude, *Trigla lucerna* (Brunn.) Très-rare dans notre rade. M. F.

Chabot de rivière, *Cottus gobio* (Lin.) Commun dans la Charente. M. F.

Chabot de mer, *Cottus scorpius* (Lin.) (vulgairement Chaboisseau ou Scorpion de mer). Assez rare, se tient dans les varechs sur nos côtes. M. F.

Chabot de mer à longues épines, *Cottus bubalis* (Euph.) Assez commun sur nos côtes.

Aspidophore d'Europe, *Aspidophorus Europœus* (Cuv.) Assez rare. M. F.

Grande scorpène rouge, *Scorpœna scropha* (Lin.) Très-rare sur nos côtes ; elle vient probablement de la Méditerranée. M. F.

Petite scorpène ou rascasse, *Scorpœna porcus* (Lin.) Très-rare sur nos côtes ; elle vient sans doute de la Méditerranée. M. F.

Epinoche gastré ou épinoche de mer, *Spinochia gasterosteus* (Val.) Peu commun dans notre rade. M. F.

Epinoche à queue armée, *Gasterosteus trachurus* (Val.) Assez commun dans les rivières.

Epinoche à queue nue, *Gasterosteus leiurus* (Val.) Assez commune dans les rivières.

Epinochette, *Gasterosteus pungitius* (Lin.) Assez commune dans les rivières. M. F.

FAMILLE DES SCIÉNOÏDES.

Maigre d'Europe ou maigre de l'Aunis, *Sciœna umbra* (Cuv.) Assez commune dans notre rade au printemps et en été. M. F.

Corb noir, *Corvina nigra* (Cuv.) Peu commun, paraît au printemps dans la rade. M. F.

Ombrine commune, *Umbrina vulgaris* (Cuv.) Très-rare. M. F.

FAMILLE DES SPAROÏDES.

Petit sargue, *Sargus annularis* (Val.) ? Rare.

Daurade vulgaire, *Chrysophris aurata* (Cuv.) Commune du printemps à l'automne dans la rade de la Rochelle. M. F.

Daurade à petites dents, *Chrysophris microdon* (Cuv.) Assez commune dans notre rade au printemps et en été, et quelquefois en toutes saisons. M. F.

Pagel commun, *Pagellus erythrynus* (Val.) Commun au printemps. M. F.

Pagel rousseau, *Pagellus centrodonius* (Val.) Assez commun dans notre rade au printemps et en été. M. F.

Pagel acarne, *Pagellus acarne* (Val.) Rare, passe quelquefois au printemps.

Pagel bogaravel, *Pagellus bogaraveo* (Cuv.)? (vulgairement le Pilonneau). Très-rare, passage accidentel.

Denté vulgaire, *Dentex vulgaris* (Cuv.) Très-rare, se trouve en été dans la rade de la Rochelle. M. F.

Canthère commun, *Cantharus vulgaris* (Cuv.) Rare, se trouve au printemps.

Canthère gris, *Cantharus griseus* (Cuv.) Très-rare. M. F.

Canthère à sous orbitaire échancré, *Cantharus incisus*. Très-rare. M. F.

Canthère brème, *Cantharus brama* (Cuv.) Rare, parait au printemps. M. F.

Bogue vulgaire, *Box vulgaris* (Cuv.) Très-rare, passage accidentel; il vient de la Méditerranée.

FAMILLE DES SCOMBÉROÏDES.

Maquereau vulgaire, *Scomber scombrus* (Lin.) Quelquefois il est très-commun au printemps et en été ; il passe par bandes. M. F.

Thon commun, *Scomber thynnus* (Lin.)? Très-rare dans notre rade; il n'y vient qu'accidentellement.

Scombre germon, *Scomber alalongua* (Gm). Assez commun du printemps à l'automne. M. F.

Espadon commun, *Xiphias gladius* (Lin.) Très-rare, il vient accidentellement dans nos parages; on en a pêché en 1819, en juin 1858 et en juillet 1860. M. F.

— 44 —

Tétrapture aguïa, *Tetrapturus belone* (Raf.) Très-rare, habite la Méditerranée et vient accidentellement dans nos parages. M. F.

Makaira noirâtre, *Xiphias makaira* (Shan). Un seul individu a été pris en 1862 sur les côtes de l'île de Ré, près la Rochelle ; c'est le seul connu : aussi y a-t-il quelques doutes ; ce pourrait être un Tétrapture ou un Espadon, le dessin fait dans les temps par un pêcheur étant assez grossier.

Histiophore ou voilier, *Histiophorus*. Le Musée de la Rochelle possède la tête d'un voilier ou Histiophore qui avait l'étiquette suivante de la main de Lafaille : « Tête de Makaira pêché à l'île de Ré en juin 1772. » Cuvier et Valenciennes (Histoire naturelle des poissons) rapprochent cet Histiophore de leur espèce Gracili-rostris. M. F.

Lépidope argenté, *Lepidopus argyreus* (Cuv.) Très-rare, passage accidentel ; on en a pris un vers 1832 dans les parages de la Rochelle.

Caranx saurel, *Caranx truchurus* (Lin.) (vulgairement Maquereau bâtard). Peu commun, parait au printemps et en été en même temps que les Maquereaux. M. F.

Zée dorée, *Zeus faber* (Lin.) (vulgairement Saint-Pierre). Assez commune sur nos côtes, du printemps à l'automne surtout. M. F.

Zée capros, *Zeus aper* (Lin.) (vulgairement Sanglier). Très-rare, habite ordinairement la Méditerranée ; une troupe a été prise dans notre rade le 27 janvier 1858. M. F.

Lampris chrysotose, *Lampris guttatus* (Retz.) Très-rare, vient du nord dans nos parages. Un individu de grande taille a été pris près de la Rochelle en 1835. M. F.

— 45 —

Centrolophe nègre, *Centrolophus morio* (Laup.)
Très-rare. M. F.

FAMILLE DES TŒNIOÏDES.

Cépole rougeâtre, *Cœpola rubescens* (Lin.) Très-
rare. M. F.

FAMILLE DES MUGILOÏDES.

Muge capiton, *Mugil capito* (Cuv.) (vulgairement le
Meuille). Très-commun en été et en automne. M. F.

Muge à grosses lèvres, *Mugil chelo* (Cuv.) Assez
commun.

FAMILLE DES ATHÉRINES.

Athérine prêtre, *Atherina presbyter* (Cuv.) (vulgairement Abusseau). Assez commun au printemps. M. F.

FAMILLE DES GOBIOÏDES.

Blennie à bandes, *Blennius gattorugine* (Lin.) Rare
sur nos côtes, passe accidentellement.

Blennie chevelue, *Blennius crinitus* (Cuv.) Rare,
passe accidentellement.

Blennie palmicorne, *Blennius palmicornis* (Cuv.)
Rare, passe accidentellement. M. F.

Blennie baveuse, *Blennius pholis* (Lin.) (vulgairement Syrène). Assez commune au printemps. M. F.

Gonnelle vulgaire, *Gunellus vulgaris* (Cuv.) (vulgairement Papillon de mer). M. F.

Anarrhique loup, *Anarrhichus lupus* (Lin.) (vulgairement Loup marin). Rare, passe accidentellement.

Gobie noire, *Gobius niger* (L.) (vulgairement Boule-reau ou Goujon de mer). Commune sur nos côtes. M. F.

Gobie à deux teintes, *Gobius bicolor* (Gm.) Très-rare.

Gobie à haute dorsale, *Gobius jozo* (Bl.) Rare.

Gobie buhotte, *Gobius minutus* (L.) Très-commune. M. F.

Callionyme lyre, *Callionymus lyra* (Lin.) Assez rare, vient en été sur les côtes de la Rochelle. M. F.

Callionyme dragonnet, *Callionymus dracunculus* (Bl.) Rare, paraît en été sur les côtes de la Rochelle. C'est peut-être la femelle du Callionyme lyre. M. F.

FAMILLE DES PECTORALES PÉDICULÉES.

Baudroie commune. *Lophius picatorius* (L.) (vulgai-rement Marache ou diable de mer). Assez commune en toutes saisons dans la rade de la Rochelle. M. F.

FAMILLE DES LABROÏDES.

Labre vert, *Labrus viridis* (Lin.) Peu commun, passe en été. M. F.

Labre tacheté, *Labrus maculatus* (Bl.) Assez rare, se trouve en été principalement. M. F.

Labre varié, *Labrus mixtus* (Art.) Assez rare ; vient l'été. M. F.

Labre couleur de chair, *Labrus carneus* (Bl.) Assez rare ; vient l'été. M. F.

Crénilabre mélope, *Crenicabrus melops* (Cuv.) Assez rare : paraît en été. M. F.

Crénilabre de baillon, *Crenilabrus bailloni* (Cuv.) Peu commun, vient l'été. M. F.

ORDRE DES MALACOPTÉRYGIENS ABDOMINAUX.

FAMILLE DES CYPRINOÏDES.

Carpe vulgaire, *Cyprinus carpio* (L.) Très-commune dans les étangs, les rivières et les canaux. M. F.

Carpe dorée, *Cyprinus oratus* (Gm.) Commune dans les viviers. M. F.

Barbeau commun, *Barbus fluviatilis* (Flem.) Commun dans les rivières, principalement dans les endroits sablonneux. M. F.

Goujon commun, *Gobio fluviatilis* (Cuv. et Val.) Très-commun dans les rivières et les étangs; paraît en troupes. M. F.

Tanche vulgaire, *Tinca vulgaris* (Cuv. et Val.) Commune dans les rivières et les étangs. M. F.

Brème commune, *Abramis brama* (Flem.) Commune dans les rivières. M. F.

Brème bordelière, *Abramis blicca* (Flem.) (vulgairement petite Brème). Assez commune dans les rivières. M. F.

Able vandoise, *Leuciscus vulgaris* (Flem.) Assez commun dans les rivières. M. F.

Able chevaine ou meunier, *Leuciscus dobula* (Cuv. et Val.) Commun dans les rivières. M. F.

Able ide, *Leuciscus idus* (Cuv. et Val.) Commun dans les rivières et les canaux.

Able gardon, *Leuciscus rutilus* (Cuv. et Val.) (vulgairement Rosse). Commun dans les rivières. M. F.

Able rotengle, *Leuciscus Erythrophtalmus* (Cuv. et Val). Commun dans les rivières.

Ablette, *Leuciscus arbulnus* (Cuv. et Val.) Assez commune dans les rivières.

Loche franche, *Cobitis barbatula* (Lin.) Assez commune dans les étangs et les rivières. M. F.

Loche d'étang, *Cobitis fossilis* (Lin.) Assez commune dans les étangs.

Loche de rivière, *Cobitis tœnia* (Lin.) Assez commune dans les rivières. M. F.

FAMILLE DES ÉSOCES.

Brochet ordinaire, *Esox lucius* (Lin.) Commun dans les étangs et les rivières. Ce poisson est connu pour sa voracité. M. F.

Orphie vulgaire, *Belone vulgaris* (Cuv. et Val.) Assez commune sur nos côtes du printemps à l'automne. M. F.

Exocet volant, *Exocetus volitans* (Bl.) Très-rare, vient accidentellement sur nos côtes. M. F.

Exocet fuyard, *Exocetus evolans* (Lin.) Très-rare, vient accidentellement sur nos côtes.

Exocet aux ventrales tachetées, *Exocetus spilopus* (Cuvier et Val.) Très-rare, passage accidentel; il en a été pris à la Rochelle par D'Orbigny père.

FAMILLE DES CLUPÉOÏDES.

Hareng commun, *Clupea harengus* (L.) Très-rare sur les côtes de ce département. M. F.

Harengule blanquette, *Harengula latulus* (Cuv.) (vulgairement la Santé). Très-commune en été sur les côtes de la Rochelle. M. F.

Harengule esprot, *Harengula sprattus* (Cuv. et Val.) (vulgairement Harenguet ou Sprat). Commune quelquefois; elle arrive par bandes. M. F.

Melette vulgaire, *Meletta vulgaris* (Val.) Commune sur nos côtes. (Confondue par Cuvier avec le Sprat, Valencienne, his. des poissons, vol. xx).

Alose commune, *Alausa vulgaris* (Cuv.) Assez rare dans notre rade. M. F.

Alose finte, *Alausa finta* (Cuv.) Assez commune au printemps sur nos côtes. M. F.

Alose sardine, *Alausa sardina* (Cuv.) Commune en été, passe par bandes dans la rade de la Rochelle. M. F.

Alose pilchard, *Alausa pilchardus* (Cuv.) Commune en été dans notre rade où elle passe par bandes ; elle ressemble beaucoup à la sardine, mais elle est plus grande et doit être la même à l'état adulte. M. F.

Anchois commun, *Engraulis enchrasicholus* (Lin.) (vulgairement le Goulard). Rare sur nos côtes où on ne le prend que petit. M. F.

FAMILLE DES SALMONOÏDES.

Saumon ordinaire, *Salmo-salmo* (Val.) Très-rare, à l'entrée des rivières. M. F.

Saumon bécard , *Salmo humatus* (Val.) (vulgairement Truite-saumonée). Assez commun dans les rivières. M. F.

Truite vulgaire, *Salar ausonii* (Cuv.) Assez commune dans les rivières. M. F.

ORDRE DES MALACOPTÉRYGIENS SUBRACHIENS.

FAMILLE DES GADOÏDES.

Morue commune, *Gadus morrhua* (L.) (vulgairement Cabéliau). Très-rare dans notre rade ; elle paraît au printemps. M. F.

Petite morue ou **Tacaud ,** *Gadus barbatus* (Bl.) Très-commune dans la rade de la Rochelle, presqu'en toutes saisons. M. F.

Merlan commun , *Gadus merlangus* (Lin.) Très-commun en toutes saisons dans notre rade. M. F.

Merlan jaune, *Gadus pollachius* (Liu.) Très-commun en toutes saisons. M. F.

Merlus ordinaire, *Gadus merluccius* (L.) Très-commun en toutes saisons. M. F.

Lingue ou **Morue longue ,** *Gadus molua* (L.) Très-rare ; vient accidentellement au printemps. M. F.

Lotte commune ou **de rivières ,** *Gadus lota* (L.) Assez rare dans nos rivières. M. F.

Mustèle commune , *Gadus mustela* (Lin.) Assez rare sur nos côtes. M. F.

FAMILLE DES PLEURONECTES.

Plie franche ou **Carrelet**, *Pleuronectes platessa* (Lin.) (vulgairement le Tardinaud). Très-commune dans notre rade du printemps à l'automne. M. F.

Plie pole ou **Limandelle**, *Pleuronectes pola* (Cuv.) (vulgairement la Géline). Assez commune du printemps à l'automne dans nos parages. M. F.

Plie limande, *Pleuronectes limanda* (L.) Commune dans nos parages au printemps et en été. M. F.

Plie flet ou **Picaud**, *Pleuronectes flesus* (L.) Très-commune au printemps et en été, et souvent en toutes saisons. M. F.

Plie flétan, *Pleuronectes hippoglossus* (L.) Assez commune dans notre rade du printemps à l'automne. M. F.

Turbot commun, *Pleuronectes maximus* (L.) Rare, paraît dans nos parages au printemps surtout. M. F.

Turbot double, *Pleuronectes duplicatus* (D'Orbigny père) (variété du Turbot commun). Rare, paraît surtout au printemps. M. F.

Turbot barbue, *Pleuronectes rhombus* (L.) Peu commun; il paraît surtout au printemps. M. F.

Turbot cardine ou **Calimande**, *Pleuronectes cardina* (Cuv.) Assez rare dans la rade de la Rochelle. M. F.

Sole commune, *Pleuronectes solea* (L.) Très-commune en toutes saisons. M. F.

Sole séteau, *Pleuronectes elongata* (D'Orbigny père) Assez commune en automne. M. F.

FAMILLE DES DISCOBOLES.

Cycloptère lump, *Cyclopterus lumpus* (Lin.) (vulgairement Lièvre de mer). Assez commun en été. M. F.

ORDRE DES MALACOPTÉRYGIENS APODES.

FAMILLE DES ANGUILLIFORMES.

Anguille murène, *Murœna helena* (Lin.) Rare. M. F.

Anguille commune ou **Verniaux ,** *Murœna anguilla* (Lin.) Très-commune en toutes saisons. M. F.

Anguille congre , *Anguilla conger* (Lin.) Commune au printemps surtout. M. F.

Ammodite lançon , *Ammodites tobianus* (Bl.) Assez rare sur nos côtes ; fréquente les endroits sablonneux. M. F.

ORDRE DES LOPHOBRANCHES.

Syngnathe aiguille , *Syngnathus acutus* (L.) Assez rare , paraît du printemps à l'été. M. F.

Syngnathe typhle , *Syngnathus typhlus* (L.) Rare , paraît au printemps.

Syngnathe pélagique , *Syngnatus pelagicus* (Riss.) Assez rare , paraît au printemps et en été. M. F.

Syngnathe de rondelet , *Syngnathus rondeleti* (L.) Rare , paraît en été. M. F.

Syngnathe pipe , *Syngnathus œquoreus* (L.) Très-rare.

— 53 —

Syngnathe papacin, *Syngnatus papacinus* (Riss.) Très-rare. M. F.

Syngnathe ophidion, *Syngnathus ophidion* (L.) Très-rare, paraît accidentellement. M. F.

Hippocampe brévirostre, *Hippocampus brevirostris* (Cuv.) Assez rare. M. F.

Hippocampe pointillé, *Hippocampus guttulatus* (Cuv.) Très-rare. M. F.

ORDRE DES PLECTOGNATHES.

FAMILLE DES GYMNODONTES.

Mole lune, *Orthagoriscus mola* (L). Rare, paraît accidentellement dans la rade de la Rochelle. M. F.

ORDRE DES CHONDROPTÉRYGIENS A BRANCHIES LIBRES.

FAMILLE DES STURIONIENS.

Esturgeon ordinaire, *Acipenser sturio* (L.) (vulgairement le Créac). Commun. M. F.

Esturgeon sterlet, *Acipenser ruthenus* (L.) (vulgairement petit Esturgeon). Assez rare. M. F.

ORDRE DES CHONDROPTÉRYGIENS A BRANCHIES FIXES.

FAMILLE DES SÉLACIENS.

Grande roussette, *Squalus canicula* (L.) Assez commune en toutes saisons. M. F.

Petite roussette ou **Rochier**, *Squalus stellaris* (L.) Assez commune.

Squale renard, *Squalus vulpes* (L.) Rare, se pêche dans la rade de la Rochelle. M. F.

Squale bleu, *Squalus glaucus* (L.) Très-commun en toutes saisons. M. F.

Squale nez, *Squalus cornubicus* (Sch.) Très-commun. M. F.

Squale émissole, *Squalus mustelus* (Lin.) Commun en toutes saisons. M. F.

Squale milandre, *Squalus galeus* (L.) Très-rare, passe accidentellement. M. F.

Squale grizet, *Squalus griseus* (L.) Très-rare, passe accidentellement. M. F.

Squale aiguillat, *Squalus acanthias* (L.) Très-commun en toutes saisons. M. F.

Squale humantin, *Squalus centrina* (L.) (vulgairement Cochon de mer). Assez rare, paraît au printemps. M. F.

Leiche ordinaire, *Squalus scymnus* (Lin.) (vulgairement la Chenille). Assez commune en été. M. F.

Leiche bouclée, *Squalus spinosus* (Lin.) Rare, M. F.

Ange commun, *Squalus squatina* (L.) (vulgairement le Bourgeois). Commun en toutes saisons. M. F.

Torpille galvanique, *Torpedo galvanii* (Riss.) (vulgairement le Tremble). Assez commune dans la rade de la Rochelle. M. F.

Raie cendrée ou **Coliart**, *Raia batis* (L.) vulgairement le Pocheteau). Très-commune. M. F.

Raie bouclée, *Raia clavata* (Lin.) Très-commune. M. F.

Raie ondée, *Raia undulata* (Lacép.) Assez commune. M. F.

Raie ronce, *Raia rubus* (L.) Très-commune en toutes saisons. M. F.

Raie ronce, var. Ocellée, *Raia rubus*, *var. Ocellata* (Lin.) Rare. M. F.

Raie Cuvier, *Raia Cuvieri* (Lin.) Assez rare. M. F.

Raie pasténague, *Raia pastinaca* (Lin.) (vulgairement la Terre). Très-commune au printemps et en été. M. F.

Mourine aigle, *Raia aquila* (L.) (vulgairement Martrame). Rare, se pêche surtout au printemps et en été. M. F.

FAMILLE DES CYCLOSTOMES.

Grande lamproie, *Petromyzon marinus* (L.) Assez commune au printemps à l'embouchure de la Sèvre. M. F.

Petite lamproie de rivières ou **Sucet**, *Petromyzon planeri* (Bl.) Assez commune à l'embouchure des rivières. M. F.

Ammocète lamprillon, *Petromyzon branchialis* (Lin.) Assez commune. M. F.

ARTICULÉS.

CRUSTACÉS. (CLASS. MILNE EDWARDS).

ORDRE DES DÉCAPODES.

(Les espèces de cet ordre sont marines et habitent généralement les rochers de nos côtes. L'écrevisse seule est fluviatile).

FAMILLE DES OXYRHINQUES.

Sténorhinque faucheur, *Stenorhinchus phalangium* (Fr.) Assez rare. M. F.

Inachus scorpion, *Inachus scorpio* (Fabr.) Assez rare. M. F.

Pise tétraodon, *Pisa tetraodon* (Latr.) Rare. M. F.

Pise de gibbs, *Pisa gibbsii* (Leach.) Rare. M. F.

Maïa squinade, *Maïa squinado* (Latr.) Commun. M. F.

Eurynome rude, *Eurynoma aspera* (Edw.) Rare. M. F.

FAMILLE DES CYCLOMÉTOPES.

Crabe pagure, *Cancer pagurus* (Lin.) Très-commun. M. F.

Crabe ménade, *Cancer mœnas* (Fabr.) Commun. M. F.

Crabe hérissé, *Cancer hirsutus* (Lin.) Assez commun. M. F.

Portune étrille, *Portunus puber* (Fabr.) Très-commun. M. F.

Portune petite étrille, *Portunus corrugatus* (Bl.) Commun. M. F.

Portune de rondelet, *Portunus rondeleti* (Latr.) Commune. M. F.

Portune dépurateur, *Portunus depurator* (Fabr.) Commune. F.

Platyonique latypède, *Platyonichus latipes* (Edw.) Assez commun. M. F.

FAMILLE DES CATOMÉTOPES.

Pinnothère des moules, *Pinnotheres mytilorum* (Latr.) Très-commun dans le *Mytilus edulis*. M. F.

Rhombille rhomboïde, *Gonoplax rhomboïdes* (Latr.) Peu commun. M. F.

Rhombille bispineux, *Gonoplax bispinosus* (Leach.) Peu commun. M. F.

Grapse madré, *Grapsus varius* (Latr.) Assez commun. M. F.

FAMILLE DES OXYSTOMES.

Atélécycle sanglant, *Atelecyclus cruentatus* (Desm.) Assez commun. M. F.

Coryste denté, *Corystes dentatus* (Latr.) Assez rare. M F.

FAMILLE DES APTÉRURES.

Dromie commune, *Dromia communis* (Edw.) Assez rare. M. F.

Homole épineuse, *Homola spinifrons* (Leach.) Très-rare. M. F.

FAMILLE DES PTÉRYGURES.

Hermite bernard , *Pagurus bernhardus* (Fabr.) Très-commun ; il se loge dans les coquilles vides de Gastéropodes. M. F.

Porcellane large pince , *Porcellana platycheles* (Latr.) Commune. M. F.

Porcellane longicorne , *Porcellana longicornis* (Edw.) Assez rare. M. F.

FAMILLE DES MACROURES CUIRASSÉS.

Galathée striée , *Galathea strigosa* (Fabr.) Rare. M. F.

Scyllare ours , *Scyllaris arctus* (Fabr.) Assez rare. M. F.

Langouste commune , *Palinurus vulgaris* (Latr.) Assez rare. M. F.

FAMILLE DES MACROURES ASTACIENS.

Ecrevisse commune , *Astacus fluviatilis* (Fabr.) Commune dans les rivières. M. F.

Homard commun , *Astacus marinus* (Fabr.) Assez commun sur les côtes de nos îles. M. F.

FAMILLE DES SALICOQUES.

Crangon vulgaire , *Crangon vulgaris* (Fabr.) Très-commun. M. F.

Athanas luisant , *Athanas nitescens* (Leach.) Commun. M. F.

Palémon à dents de scie, *Palemon serratus* (Pennant.) Très-commun. M. F.

Palémon squille, *Palemon squilla* (Fab.) Très-commun.

ORDRE DES AMPHIPODES.

(Les espèces de cet ordre sont marines et habitent les rochers de nos côtes).

FAMILLE DES CREVETTINES.

Crevette fucicole, *Gammarus pherusa* (Lk.) Commune. M. F.

Talitre gammarelle, *Talitrus gammarellus* (Lk.) Assez commun. M. F.

Talitre sauterelle, *Talitrus saltator* (Edw.) Commun. M. F.

Corophie longicorne, *Corophium longicorne* (Latr.) Commune. M. F.

ORDRE DES ISOPODES.

(Les espèces de cet ordre sont terrestres, marines ou stagnales).

FAMILLE DES IDOTÉÏDES.

Idotée entomon, *Idotea entomon* (Latr.) Commune sur les côtes de l'Océan. M. F.

Idotée longicorne, *Idotea longicornis* (D'Orb. père). Commune sur les côtes de l'Océan. M. F.

FAMILLE DES ASELLIDES.

Aselle vulgaire, *Asella vulgaris* (Fabr.) Commune dans les eaux douces. M. F.

FAMILLE DES CLOPORTIDES.

Lygie océanique, *Lygia oceanica* (Fabr.) Très-commune sur les bords de la mer. M. F.

Cloporte commun, *Oniscus asellus* (Lk.) Très-commun sous les pierres et dans les endroits humides. M. F.

Armadille commune, *Armadillo vulgaris* (Latr.) Commune sous les pierres et dans les lieux humides.

FAMILLE DES SPHÉROMIENS.

Sphérome cendré, *Spheroma cinerea* (Latr.) Commun sous les pierres du rivage au bord de l'Océan. M. F.

FAMILLE DES CYMOTHOADIENS.

Cymothoë asile, *Cymothoa asilus* (Fabr.) Commun sur les bords de la mer. M. F.

Cymothoë œstre, *Cymothoa œstrum* (Fabr.) Commun sur les bords de la mer. M. F.

FAMILLE DES SÉDENTAIRES.

Bopyre des chevrettes, *Bopyrus squillarum* (Latr.) Très-commun sur les chevrettes. M. F.

ORDRE DES BRANCHIOPODES.

FAMILLE DES BRANCHIPIENS.

Branchipe stagnal, *Branchipus stagnalis* (Lk.) Commun dans les eaux douces. M. F.

FAMILLE DES DAPHNOÏDES.

Daphne puce, *Daphnia pulex* (Mull.) Commun dans les eaux douces. M. F

ORDRE DES ENTOMOSTRACÉS.

FAMILLE DES CYPROÏDES.

Cypris pubère, *Cypris conchacea* (Latr.) Commune dans les eaux douces. M. F.

ORDRE DES LERNÉENS.

FAMILLE DES LERNÉOCÉRIENS.

Lernée branchiale, *Lernea branchialis* (Lin.) Commune sur les gades et les morues. M. F.

Lernée azelline, *Lernea azellina* (Lin.) Commune sur les branchies des gades. M. F.

FAMILLE DES CONDRACANTHIENS.

Condracanthe du merlus, *Condracanthus merlucci* (Delaroche). Commun sur les branchies du merlus. M. F.

CIRRHIPÈDES.

ORDRE DES CIRRHIPÈDES PÉDONCULÉS.

(Les espèces de cet ordre sont marines).

Cineras flambé, *Cineras vittata* (Leach.) M. F.

Otion sans tache, *Otion Cuvieri* (Leach.) M. F

Poucepied groupé, *Pollicipes cornucopia* (Leach.) M. F.

Anatife lisse, *Anatifa lœvis* (Sch.) (vulgairement Bernache). Les quilles des navires en sont quelquefois couvertes. M. F.

Anatife striée, *Anatifa striata* (Brug). M. F.

Anatife vitrée, *Anatifa vitrea* (Leach.) M. F.

ORDRE DES CIRRHIPÈDES SESSILES.

(Toutes ces espèces sont marines).

Balane tulipe, *Balanus tintinnabulum* (Lk.) M. F.

Balane cylindracée, *Balanus cylindraceus* (Lk.) M. F.

Balane sillonnée, *Balanus sulcatus* (Br.) M. F.

Balane chétive, *Balanus miser* (Lk.) M. F.

Balane palmée, *Balanus palmatus* (Lk.) M. F.

Balane anguleuse, *Balanus angulosus* (Lk.) M. F.

ANNÉLIDES. (CLASS. DE MILNE EDWARDS).

ORDRE DES ANNÉLIDES ERRANTES.

(Les espèces de cet ordre sont marines).

FAMILLE DES APHRODISIENS.

Halithée hérissée, *Halithea aculeata* (Savig.) Sur les côtes de la Rochelle. M. F.

Halithée soyeuse, *Halithea sericea* (Savig.) Sur nos côtes.

Polynoé écailleuse, *Polynoe squamata* (Savig.) Sur nos côtes. M. F.

Polynoé scolopendrine , *Polynoe scolopendrina* (Savig.) Trouvée sur les côtes de la Rochelle par D'Orbigny père.

Sigalion d'Hermione , *Sigalion hermionœ* (Aud. et Edw.) Côtes de la Rochelle.

FAMILLE DES EUNICIENS.

Eunice sanguine, *Eunice sanguinea* (Aud. et Edw.) Côtes de la Rochelle.

Onuphis ermite , *Onuphis eremita* (Aud. et Edw.) Sables des côtes de la Rochelle.

Lombrinère D'Orbigny , *Lumbrineris Orbignyi* (Aud. et Edw.) Côtes de la Rochelle.

FAMILLE DES NÉRÉIDIENS.

Néréide de Marion , *Nereis Marionii* (Aud. et Edw.) Nos côtes.

Néréide lobulée, *Nereis lobulata* (Bl.) Environs de la Rochelle.

Néréide nacrée , *Nereis margaritacea* (Leach.) Sur nos côtes.

Néréide de Duméril , *Nereis Dumerilii* (Aud. et Edw.) Côtes de la Rochelle.

Lycastis brévicorne , *Lycastis brevicornis* (Aud. et Edw.) Côtes de la Rochelle. M. F.

Phyllodoce lamelleuse, *Phyllodoce lamellosa* (Aud. et Edw.) Nos côtes. M. F.

Phyllodoce de Geoffroy, *Phyllodoce Geoffroyi* (Aud. et Edw.) Nos côtes.

Phyllodoce clavigère, *Phyllodoce clavigera* (Aud. et Edw.) Nos côtes.

FAMILLE DES ARICIENS.

Aricie de Cuvier, *Aricia Cuvierii* (Aud. et Edw.) Nos côtes.

Aricie sertulée, *Aricia sertularia* (Aud. et Edw.) Nos côtes.

Aonie foliacée, *Aonia foliacea* (Aud. et Edw.) Côtes de la Rochelle.

Ophélie bicorne, *Ophelia bicornis* (Savig). Côtes de la Rochelle.

Cirrhatule de Bellevue, *Cirrhatula bellavistæ* (Bl.) Côtes de la Rochelle.

ORDRE DES ANNÉLIDES TUBICOLES.

(Les espèces de cet ordre sont marines).

FAMILLE DES SERPULITES.

Serpule vermiculaire, *Serpula vermicularis* (Lin.) se fixe sur les coquilles et divers objets sur les côtes. M. F.

Serpule intestin, *Serpula intestinum* (Lk.) Mêmes habitations que la précédente. M. F.

Serpule boyau de mer, *Serpula contortuplicata* (Lin.) Mêmes habitations que les précédentes.

Spirorbe nautiloïde, *Spirorbis nautiloïdes* (Lin.)
Vient sur les fucus. M. F.

Spirorbe transparente, *Spirorbis spirillum* (Lin.)
Vient sur les sertulaires.

FAMILLE DES HERMELLITES.

Sabellaire alvéole, *Sabellaria alveola* (Bl.) Sur nos
côtes sablonneuses. M. F.

Sabellaire grands tubes, *Sabellaria crassissima*
(Lk.) Nos côtes sablonneuses. M. F.

FAMILLE DES TEREBELLITES.

Terebelle scylla, *Terebella scylla* (Savig.) Côtes de
la Rochelle.

FAMILLE DES ARÉNICOLITES.

Arénicole des pêcheurs, *Arenicola piscatorum*
(Lk.) Côtes de la Rochelle. M. F.

ORDRE DES ANNÉLIDES TERRICOLES.

FAMILLE DES LOMBRICITES.

Lombric terrestre, *Lumbricus terrestris* (Lin.)
Partout dans les terres humides. M. F.

FAMILLE DES SIPONCULITES.

Thalassème echiure, *Thalassema echiura* (Pall.)
Sur nos côtes sablonneuses.

Siponcle nu, *Sipunculus nudus* (Lin.) Sur nos côtes
sablonneuses. M. F.

ORDRE DES ANNÉLIDES SUCEUSES.

FAMILLE DES ALBIONITES.

Albione verruqueuse, *Albione muricata* (Lin.) Nos côtes de l'Océan. M. F.

Albione des poissons , *Albione piscium* (Bast.) Nos côtes de l'Océan. M. F.

FAMILLE DES SANGUISUGITES.

Hœmopis succe-sang , *Hœmopis sanguisuga* (Lin). Marais et étangs.

FAMILLE DES BRANCHELLIONITES.

Branchellion de la torpille, *Branchellio torpedinis* (Savig.) Sur les torpilles. M. F.

MOLLUSQUES.

CÉPHALOPODES.

(Toutes ces espèces céphalopodes sont marines.)

ORDRE DES ACÉTABULIFÈRES.

FAMILLE DES OCTOPODES.

Poulpe commun, *Octopus vulgaris* (Lk). Assez rare.

FAMILLE DES DÉCAPODES.

Seiche commune, *Sepia officinalis* (Lin.) Très-commune. M. F.

Seiche d'Orbigny, *Sepia Orbignyi* (Ferressac). Rare. M. F.

Seiche de la Rochelle, *Sepia rupellaria* (D'Orb. père). Rare. M. F.

Seiche allongée, *Sepia elongata* (D'Orb. père). Rare. M. F.

Sépiole commune, *Sepiola loligo* (Lk.) Rare. M. F.

Calmar commun, *Loligo vulgaris* (Lk.) Assez commun. M. F.

Calmar sagitté, *Loligo sagittata* (Lk.) Peu commun. M. F.

Calmar subulé, *Loligo subulata* (Lk.) Peu commun. M. F.

GASTÉROPODES.

(Les Gastéropodes sont terrestres, marins et fluviatiles).

ORDRE DES PULMONÉS.

FAMILLE DES PULMONÉS TERRESTRES.

Limace rousse, *Limax rufus* (Lin.) Très-commune dans les bois et les jardins. M. F.

Limace blanche, *Limax albus* (Lin.) Commune dans les bois et les jardins. M. F.

Limace agreste, *Limax agrestis* (Lin.) Très-commune dans les jardins. M. F.

Limace cendrée, *Limax cinereus* (Mull.) Très-commune dans les jardins. M. F.

Limace jayet, *Limax gagates* (Drap.) Très-commune dans les jardins. M. F.

Limace des jardins, *Limax hortensis* (Mull.) Très-commune dans les jardins. M. F.

Limace grise, *Limax maximus* (Lin.) Très-commune dans les jardins. M. F.

Testacelle ormier, *Testacella haliotidea* (Faure.) Assez rare, dans les jardins. M. F.

Hélice fauve, *Helix fulva* (Mull.) Assez commune sous les mousses et les feuilles mortes.

Hélice des rochers, *Helix rupestris* (Drap.) Rare, trouvée après les inondations de la Charente.

Hélice variable, *Helix variabilis* (Drap.) Très-commune dans les champs et sur les bords des chemins. M. F.

Hélice maritime, *Helix maritima* (Drap.) Dans les falaises au bord de la mer. M. F.

Hélice rhodostome, *Helix pisana* (Mull.) Assez rare, dans les champs. M. F.

Hélice vigneronne, *Helix pomatia* (Lin.) Rare, dans les vignes.

Hélice porphyre, *Helix arbustorum* (Lin.) Rare, trouvée après les inondations de la Charente.

Hélice chagrinée, *Helix aspersa* (Mull.) Commune partout. M. F.

Hélice chagrinée, *Helix aspersa, var. scalaris*. Rare. M. F.

Hélice chagrinée, *Helix aspersa, var. cornu copiœ*. Très-rare. M. F.

Hélice chagrinée, *Helix aspersa, var. sinistra*. Assez rare. M. F.

Hélice des bois, *Helix nemoralis* (L.) Très-commune dans les bois. M. F.

Hélice des jardins, *Helix hortensis* (Lin.) Très-commune dans les jardins et les bois. M. F.

Hélice cinctelle, *Helix cinctella* (Drap.) Rare.

Hélice marginée, *Hélix limbata* (Drap.) Commune à Saintes. M. F.

Hélice bimarginée, *Helix carthusianella* (Drap.) champs et jardins. M. F.

Hélice pubescente, *Helix sericea* (Drap.) Assez rare, dans les jardins.

Hélice hispide, *Helix hispida* (Lin.) Commune dans les lieux humides. M. F.

Hélice velue, *Hélix villosa* (Drap.) Assez commune sous les pierres humides. M. F.

Hélice sale, *Helix conspurgata* (Drap.) Rare, trouvée après les inondations de la Charente.

Hélice striée, *Helix striata* (Drap.) Commune dans les jardins. M. F,

Hélice ruban, *Helix ericetorum* (Mull.) Commune dans les prés. M. F.

Hélice des gazons, *Helix cespitum* (Drap.) Assez commune dans les prés. M. F.

Hélice cornée, *Helix cornea* (Mull.) Rare, au pied des haies.

Hélice lampe, *Helix lapicida* (Lin.) Assez commune au pied des vieux arbres et dans les vieux murs de la Saintonge. M. F.

Hélice mignonne, *Helix pulchella* (Drap.) Assez rare, sous les mousses et les feuilles mortes.

Hélice trigonophore, *Helix obvoluta* (Mull.) Assez rare. M. F.

Hélice naine, *Helix pygmœa* (Drap.) Dans les mousses, rare. M. F.

Hélice bouton, *Hélix rotundata* (Mull.) Commune sous les écorces d'arbres. M. F.

Hélice luisante, *Helix nitida* (Mull.) Commune dans les herbes humides. M. F.

Hélice brillante, *Hélix cristallina* (Mull.) Rare, trouvée après les inondations de la Charente.

Bulime obscur, *Bulimus obscurus* (Drap.) Rare, au pied des arbres sous les pierres. M. F.

Bulime aiguillette, *Bulimus acicula* (Drap.) Assez rare, sur les murailles. M. F.

Bulime aigu, *Bulimus acutus* (Brug). Très-commun dans les prés. M. F.

Bulime ventru, *Bulimus ventricosus* (Drap.) Commun.

Bulime articulé, *Bulimus articulatus* (Lk.) Assez rare, dans les haies.

Maillot bordé, *Pupa marginata* (Drap.) Très-commun dans les lieux humides. M. F.

Maillot fragile, *Pupa fragilis* (Drap.) Assez commun dans les jardins. M. F.

Maillot avoine, *Pupa avena* (Drap.) Très-commun dans les jardins. M. F.

Maillot baril, *Pupa dolium* (Drap.) Très-commun dans les jardins.

Maillot ombiliqué, *Pupa umbilicata* (Drap.) Très-commun dans les jardins.

Maillot trois dents, *Pupa tridens* (Drap.) Commun dans les jardins.

Maillot mousseron, *Pupa muscorum* (Drap.) Trouvé après les inondations de la Charente.

Maillot pygmée, *Pupa pygmœa* (Drap.) Comme le précédent.

Clausilie ridée, *Clausilia rugosa* (Drap.) Assez commune sous l'écorce des arbres. M. F.

Ambrette amphibie , *succinea amphibia* (Drap.)
Très-commune dans les fossés humides. M. F.

Ambrette oblongue , *Succinea oblonga* (Drap.)
Commune dans les fossés humides. M. F.

FAMILLE DES PULMONÉS AQUATIQUES.

Planorbe corné, *Planorbis corneus* (Drap.) Très-commun dans les fossés et les étangs. M. F.

Planorbe caréné, *Planorbis carenatus* (Drap.) Très-commun dans les fossés et les étangs. M. F.

Planorbe entortillé , *Planorbis contortus* (Mull.)
Assez commun dans les étangs et les fossés. M. F.

Planorbe leucostome, *planorbis leucostoma* (Mich.)
Assez rare, dans les étangs et les fossés.

Planorbe spirorbe, *Planorbis spirorbis* (Mull.) Assez rare, dans les étangs et les fossés.

Lymnée des marais, *Lymnea palustris* (Lk). Commune dans les fossés. M. F.

Lymnée auriculaire, *Lymnea auricularis* (Drap.)
Commune dans les fossés. M. F.

Lymnée des étangs, *Lymnea stagnalis* (Drap.) Très-commune dans les fossés. M. F.

Lymnée ovale, *Lymnea ovata* (Drap.) Assez commune dans les fossés. M. F.

Lymnée voyageuse, *Lymnea peregra* (Drap.) Assez commune dans les fossés. M. F.

Lymnée leucostome, *Lymnea leucostoma* (Drap.)
Assez commune dans les fossés. M. F.

Lymnée glutineuse, *Lymnea glutinosa* (Drap.) Assez commune dans les fossés.

Lymnée petite, *Lymnea minuta* (Drap.) Assez commune dans les fossés.

Physe aiguë, *Physa acuta* (Drap.) Commune dans les fontaines. M. F.

Physe des fontaines, *Physa fontinalis* (Drap.) Commune dans les fontaines. M. F.

ORDRE DES NUDIBRANCHES.

FAMILLE DES DORIS.

Doris à tubercules, *Doris tuberculosa* (Cuv.) Assez commun, côtes de la Rochelle. M. F.

Doris argo, *Doris argo* (Lin.) Rare, côtes de la Rochelle. M. F.

Doris à étoiles, *Doris stellata* (Gm.) Assez commun, côtes de la Rochelle.

Doris pileuse, *Doris pilosa* (Gm.) Assez commun, côtes de la Rochelle.

FAMILLE DES GLAUQUES.

Eolide fasciculée, *Eolis fasciculata* (Lk.) Assez rare sur nos côtes. M. F.

Eolide de Cuvier, *Eolis Cuvieri* (Lk.) Assez commune, digue de Richelieu. M. F.

ORDRE DES INFÉROBRANCHES.

FAMILLE DES PHYLLIDIENS.

Diphyllidie rayée, *Diphyllidia lineata* (Otto.) Très-rare. M. F.

ORDRE DES TECTIBRANCHES.

FAMILLE DES APLYSIENS.

Aplysie dépilante, *Aplysia depilans* (Lin.) Assez commune, digue de Richelieu. M. F.

Aplysie ponctuée, *Aplysia punctata* (Rang.) Assez rare sur nos côtes.

Aplysie bordée, *Aplysia fasciata* (Poiret.) Assez rare sur nos côtes. M. F.

FAMILLE DES BULLÉENS.

Bullée plancienne, *Bullœa aperta* (Lk.) Commune. M. F.

Bulle cornée, *Bulla cornœa* (Lk.) Commune sur nos côtes. M. F.

Bulle hydatide, *Bulla hydatis* (Lin.) Assez commune sur nos côtes. M. F.

Bulle fragile, *Bulla fragilis* (Lk.) Commune, vases du bassin neuf de la Rochelle. M. F.

Bulle oublie, *Bulla lignaria* (Lin.) Rare. M. F.

ORDRE DES PECTINIBRANCHES.

FAMILLE DES TROCHOÏDES.

Troque mage, *Trochus magus* (Lin.) Commun, Angoulins, près la Rochelle. M. F.

Troque petit cône, *Trochus conulus* (Lk.) Assez rare, Angoulins, près la Rochelle.

Troque conuloïde, *Trochus conuloïdes* (Lk.) Assez rare, Angoulins, près la Rochelle. M. F.

Troque marginé, *Trochus ziziphinus* (L.) Rare.

Troque cendré, *Trochus cinereus* (L.) Très-commun sur nos côtes. M. F.

Troque cinéraire, *Trochus cinerarius* (Lin.) Très-commun sur nos côtes. M. F.

Troque granuleux, *Trochus granulosus* (Born.) Très-rare. M. F.

Turbo néritoïde, *Turbo neritoïdes* (L.) Très-commun sur nos côtes. M. F.

Turbo littoral, *Turbo littoreus* (L.) Très-commun sur nos côtes. M. F.

Turbo breton, *Turbo rudis* (Maton). Très-commun sur nos côtes. M. F.

Monodonte fraise, *Monodonta fragaria* (Lk.) Commune partout. M. F.

Turritelle unguline, *Turritella ungulina* (Desh.) Très-commune sur la plage d'Angoulins. M. F.

Scalaire commune, *Scalaria communis* (Lk.) Assez commune, plage d'Angoulins. M. F.

Scalaire à côtes fines, *Scalaria tenuicosta* (Mich.) Nos côtes de l'Océan.

Cyclostome élégant, *Cyclostoma elegans* (Drap.) Très-commun, dans les jardins. M. F.

Cyclostome impur, *Cyclostoma impurum* (Drap.) Assez commun, dans les jardins. M. F.

Cyclostome obtus, *Cyclostoma obtusum* (Drap.) Assez commun, dans les jardins. M. F.

Cyclostome sillonné, *Cyclostoma sulcatum* (Drap.) Rare, dans les jardins.

Paludine agate, *Paludina achatina* (Lk.) Peu commune, eaux stagnantes. M. F.

Paludine vivipare, *Paludina vivipara* (Lk.) Peu commune, eaux stagnantes.

Paludine impure, *Paludina impura* (Lk.) Très-commune, eaux stagnantes.

Paludine verte, *Paludina viridis* (Lk.) Peu commune, eaux stagnantes.

Paludine saumàtre, *Paludina muriatica* (Lk.) Commune, eaux stagnantes.

Valvée piscinale, *Valvata piscinalis* (Mull.) Trouvée dans les inondations de la Charente.

Valvée planorbe, *Valvata planorbis* (Drap.) Comme la précédente.

Phasianelle pourprée, *Phasianella pulla* (Lin.) Commune à la pointe des Baleines. M. F.

Rissoa treillessée, *Rissoa cancellata* (Lk). Assez rare, sur nos côtes.

Rissoa des ulves, *Rissoa ulva* (P. D. L. S.) Très-commune sur les rochers au bord de la mer. M. F.

Conovule myosotis, *Conovula myosotis* (Drap.) Assez commune, la Rochelle.

Tornatelle fasciée, *Tornatella fasciata* (Lk.) Très-commune sur la plage d'Angoulins. M. F.

Janthine fragile, *Janthina fragilis* (Lk.) Assez rare, sur les côtes des îles de Ré et d'Oleron, et sur le platin d'Angoulins. M. F.

Natice marron, *Natica castanea* (Lk.) Assez rare sur nos côtes. M. F.

Néritine fluviatile, *Neritina fluviatilis* (Lk.) Commune dans les cours d'eau. M. F.

FAMILLE DES CAPULOÏDES.

Cabochon bonnet hongrois, *Pileopsis ungarica* (Lk.) Rare, côtes de la Rochelle et des îles. M. F.

Calyptrée lisse, *Calyptrœa lœvigata* (Lam.) Rare, côtes de l'île d'Oleron. M. F.

Sigaret déprimé, *Sigaretus haliotideus* (Lk.) Rare, côtes d'Oleron. M. F.

FAMILLE DES BUCCINOÏDES.

Porcelaine coccinelle, *Cyprœa coccinella* (Lk.) Peu commune, plage d'Angoulins. M. F.

Porcelaine à quatre points, *Cyprœa quadripunctata* (Gray.) Peu commune, plage d'Angoulins. M. F.

Buccin ondé, *Buccinum undatum* (Lin.) Très-commun sur nos côtes. M. F.

Nasse réticulée, *Nassa reticulata* (Lk.) Très-commune sur nos côtes. M. F.

Nasse arrondie, *Nassa incrassata* (Mull.) Commune sur nos côtes. M. F.

Nasse granulée, *Nassa granulata* (D'Orb.) Commune sur nos côtes. M. F.

Pourpre imbriquée, *Purpura imbricata* (Lk.) Très-commune sur nos côtes. M. F.

Pourpre des teinturiers, *Purpura lapillus* (Lk.) Très-commune sur nos côtes. M. F.

Pourpre hémastome, *Purpura hœmastoma* (Lk.) Très-commune sur nos côtes. M. F.

Pourpre antique, *Purpura patula* (Lk.) Très-commune sur nos côtes. M. F.

Fuscau d'Islande, *Fusus Islandicus* (L.) Assez rare. endroits profonds. M. F.

Cassidaire thyrrénienne, *Cassidaria thyrrena* (Lk.) Rare.

Casque saburon, *Cassis saburo* (Lk.) Assez rare, nos côtes. M. F.

Cérithe lime, *Cerithium lima* (Brug.) Sur les plages de sables des environs de la Rochelle. M. F.

Cerithe perverse, *Cerithium perversum* (Lamk.) Côtes de l'ouest.

Rocher érinacé, *Murex erinaceus* (Lk.) Très-commun sur nos côtes. M. F.

Triton cutacé, *Triton cutaceum* (Lk.) Assez commun sur nos côtes. M. F.

Rostellaire pied de Pélican, *Rostellaria pespelicani* (Lk.) Peu commun, côtes de la Rochelle. M. F.

ORDRE DES SCUTIBRANCHES.

FAMILLE DES HALIOTIDÉENS.

Haliotide ormier, *Haliotidea tuberculata* (Lk.) Assez rare sur nos côtes. M. F.

FAMILLE DES FISSURELLIENS.

Fissurelle cancellée, *Fissurella græca* (Lin.) Rare. côtes de l'île de Ré. M. F.

ORDRE DES CIRRHOBRANCHES.

FAMILLE DES DENTALIENS.

Dentale entale, *Dentalium entalis* (L.) Très-commune sur nos plages de sables. M. F.

Dentale à neuf côtes, *Dentalium novemcostatum* (L.) Très-commune sur nos plages de sables. M. F.

ORDRE DE CYCLOBRANCHES.

FAMILLE DES RÉTIFÈRES.

Patelle commune, *Patella vulgata* (Lin.) (vulgairement Jambe et Bernicle). Très-commune sur nos côtes. M. F.

Patelle transparente, *Patella pellucida* (Lk.) Se trouve assez abondamment sur les laminaires à la pointe des Baleines, île de Ré. M. F.

FAMILLE DES LAMELLÉS.

Oscabrion fasciculaire, *Chiton fascicularis* (L.) Commun sur la digue de Richelieu. M. F.

Oscabrion bordé, *Chiton marginatus* (Gm.) Rare . côtes de la Rochelle.

ACÉPHALES LAMELLIBRANCHES.

ORDRE DES OSTRACÉS.

FAMILLE DES OSTRACÉS.

Huitre comestible, *Ostrea edulis*, (Lin.) Très-commune sur nos côtes, elle y est cultivée dans des parcs. M. F.

Huitre spondyloïde, *Ostrea spondyloïdes* (D'Orb. père). Très-commune. M. F.

Huitre hippope, *Ostrea hippopus* (Lk.) Très-commune dans les fonds. M. F.

Anomie pelure d'ognon, *Anomia epiphium* (Lin.) Très-commune sur nos côtes. M. F.

Anomie écaille, *Anomia squamula* (Lamk.) Nos côtes.

Anomie lentille, *Anomia lens* (Lamk.) Nos côtes.

Anomie violâtre, *Anomia cepa* (Lk.) Nos côtes de l'ouest.

FAMILLE DES PECTINÉS.

Peigne à côtes roudes, *Pecten maximus* (Lin.) (vulgairement Grosille). Commun, se pêche à la drague. M. F.

Peigne Saint-Jacques, *Pecten jacobœus* (Lin.) Comme le précédent.

Peigne operculaire, *Pecten opercularis* (Lk.) Commun, se pêche à la drague. M. F.

Peigne bigarré, *Pecten varius* (Penn.) Très-commun sur nos côtes. M. F.

Peigne bigarré , var. dégénérée, *Pecten varius , var. pusio* (Penn.) Rare. M. F.

FAMILLE DES MALLÉACÉS.

Avicule atlantique , *Avicula atlantica* (L.) Rare, se prend au large. M. F.

Avicule de Tarente , *Avicula tarentina* (Lk.) Rare , se pêche au large. M. F.

Arche barbue , *Arca barbata* (L.) Assez rare sur nos côtes. M. F.

Arche de Noé , *Arca Noœ* (L.) Assez rare sur nos côtes.

Pétoncle marbré , *Pectunculus marmoratus* (Gm.) Très-rare sur nos côtes. M. F.

Pétoncle flammulé , *Pectunculus pilosus* (Lin.) Très-rare sur nos côtes.

Nucule nacrée , *Nucula margaritacea* (Brug.) Assez commune sur nos côtes.

ORDRE DES MYTILACÉS.

FAMILLE DES MYTILACÉS.

Moule comestible , *Mytilus edulis* (Lin.) Très-commune sur nos côtes ; elle est cultivée dans les bouchots d'Esnandes. M. F.

Moule barbue . *Mytilus barbatus* (Lin.) Commune sur nos côtes.

Jambonneau britannique, *Pinna ingens* (Lin.) Rare, se pêche à la drague. M. F.

FAMILLE DES NAÏDÉS.

Anodonte cygne, *Anodonta cygnea* (Lk.) Commune dans les rivières. M. F.

Anodonte des canards, *Anodonta anatina* (Lk.) Très-commune dans les rivières.

Mulette sinuée, *Unio sinuata* (Lk.) Rare, dans les rivières. M. F.

Mulette littorale, *Unio littoralis* (Lk.) Assez commune dans les rivières. M. F.

Mulette des peintres, *Unio pictorum* (Lk.) Assez commune dans les rivières.

Mulette allongée, *Unio elongata* (Mich.) Assez commune dans les rivières.

ORDRE DES CAMACÉS.

FAMILLE DES CAMACÉS.

Isocarde cœur, *Isocardia cor* (Lk.) Assez rare sur nos côtes. M. F.

ORDRE DES CARDIACÉS.

FAMILLE DES CONCHACÉS.

Bucarde épineuse, *Cardium aculeatum* (Lin.) Assez commune sur nos côtes. M. F.

Bucarde à tubercules, *Cardium tuberculatum* (Lin.) Peu commune sur nos côtes.

Bucarde érinacée, *Cardium erinaceum* (Lk.) Assez commune sur nos côtes. M. F.

Bucarde à dents, *Cardium serratum* (Lk.) Assez commune sur nos côtes M. F.

Bucarde sourdon. *Cardium edule* (Lk.) (vulgairement le Sourdon). Très-commune. M. F.

Bucarde rustique, *Cardium rusticum* (Lk.) Très-commune sur les côtes vaseuses.

Bucarde à papilles, *Cardium echinatum* (Lk.) Assez commune sur nos côtes.

Donace des canards, *Donax analinum* (Lin.) Assez commune sur nos côtes sablonneuses. M. F.

Donace denticulée, *Donax denticulatum* (Lin.) Assez commune sur nos côtes sablonneuses. M. F

Cyclade des lacs, *Cyclas lacustris* (Drap.) Commune dans les fossés de la Saintonge.

Cyclade cornée, *Cyclas cornea* (Lk.) Assez commune dans les fossés de la Saintonge. M. F.

Telline mince, *Tellina tenuis* (Maton.) Très-commune sur nos côtes sablonneuses. M. F.

Telline donacée, *Tellina donacina* (Lin.) Peu commune, nos côtes sablonneuses. M. F.

Telline féverolle, *Tellina fabula* (Gm.) Assez rare, nos côtes sablonneuses. M. F.

Telline solidule, *Tellina solidula* (Lk.) Très-commune sur nos côtes sablonneuses. M. F.

Telline palescente, *Tellina incarnata* (Poli.) Assez rare, nos côtes sablonneuses. M. F.

Lucine lactée , *Lucina lactea* (Lk.) Très-commune sur nos plages sablonneuses. M. F.

Vénus à stries fines, *Venus pullastra* (Montagu.) (vulgairement la Palourde). Très-commune sur nos côtes. M. F.

Vénus poule, *Venus gallina* (Lin.) Assez commune sur nos côtes. M. F.

Vénus verruqueuse, *Venus verrucosa* (Lin.) Assez commune sur nos côtes. M. F.

Vénus virginale, *Venus virginea* (Lin.) Peu commune sur nos côtes. M. F.

Vénus dorée, *Venus aurea* (Gm.) Peu commune , sur nos côtes. M. F.

Vénus à stries croisées, *Venus decussata* (Lin.) (vulgairement Palourde). Très-commune sur nos côtes. M. F.

Vénus perforante, *Venus perforans* (Montagu.) Très-commune sur nos côtes. M. F.

Cythérée concentrique, *Cytherea concentrica* (Lk.) Peu commune, nos côtes. M. F.

Cythérée exolète, *Cytherea exoleta* (Lk.) Assez commune , nos côtes. M. F.

Cythérée fauve, *Cytherea chione* (Lk.) Peu commune sur nos côtes. M. F.

Vénérupe noyau , *Venerupis nucleus* (Lk.) Assez commune dans les pierres qu'elle perfore. M. F.

Pétricole striée, *Petricola striata* (Lk.) Très-commune dans les pierres qu'elle perfore.

Pétricole costellée, *Petricola costellata* (Lk.) Très-commune comme la précédente.

Pétricole ruperelle, *Petricola ruperella* (Lk.) Comme les précédentes. M. F.

Pétricole roccellaire, *Petricola roccellaria* (Lk.) Comme les précédentes. M. F.

Pétricole semi-lamelleuse, *Petricola semi-lamellata* (Lk.) Assez commune comme les précédentes. M. F.

Corbule noyau, *Corbula nucleus* (Lk.) Peu commune, nos côtes.

Mactre lisor, *Mactra stultorum* (Lin.) Très-commune sur nos côtes. M. F.

Mactre solide, *Mactra solida* (Lin.) Très-commune sur nos côtes. M. F.

Mactre subtronquée, *Mactra subtruncata* (Mat. et R.) Assez commune sur nos côtes. M. F.

Mactre fauve, *Macta helvacea* (Chem.) Peu commune, nos côtes. M. F.

Lavignon calcinelle, *Lavignon piperata* (Gm.) Très-commun. M. F.

Lavignon de lister, *Lavignon listeri* (Gm.) Assez commun. M. F.

FAMILLE DES MYAIRES.

Mye des sables, *Mya arenaria* (Lin). Assez commune sur nos côtes. M. F.

Mye tronquée, *Mya truncata* (Lin.) Assez commune sur nos côtes. M. F.

Lutraire elliptique, *Lutraria elliptica* (Lk.) Commune sur nos côtes. M. F.

Lutraire soleniforme, *Lutraria soleniformis* (Lk.) Commune sur nos côtes. M. F.

Anatine rupicole, *Anatina rupicola* (Lk.) Assez commune sur nos côtes.

Thracie pubescente, *Thracia pubescens* (Lk.) Assez rare sur nos côtes. M. F.

Ostéodesme corbulaïde, *Osteodesma corbuloïdes* (Desb.) Rare. M. F.

FAMILLE DES SEMI-SOLENACÉS.

Saxicave gallicane, *Saxicava gallicana* (Lk.) Assez commune dans les pierres qu'elle perfore.

Pandore recourbée, *Pandora rostrata* (Lk.) Peu commune. M. F.

FAMILLE DES SOLENACÉS.

Solen gaine, *Solen vagina* (Lin.) (vulgairement le Coutelier). Très-commun sur nos côtes. M. F.

Solen silique, *Solen siliqua* (Lin.) (vulgairement Coutelier.) Très-commun. M. F.

Solen gousse, *Solen legumen* (Lin.) Assez rare. M. F.

Solen sabre (Grand), *Solen ensis (major)* (Lin.) Assez rare. M. F.

Solen sabre (Petit), *Solen ensis (minor)* (Lin.) Assez rare. M. F.

Solen nain, *Solen pygmœus* (Lk.) Rare. M. F.

Psammobie vespertinale, *Psammobia vespertina* (Lk.) Peu commune sur nos côtes. M. F.

Psammobie tellinelle, *Psammobia tellinella* (Lk.) Peu commune. M. F.

Psammobie boréale, *Psammobia feroensis* (Lk.) Peu commune. M. F.

FAMILLE DES PHOLADAIRES.

Pholade dactyle, *Pholas dactylus* (Lk.) (vulgairement le Dail). Très-commune dans les pierres de nos côtes. M. F.

Pholade dactyloïde, *Pholas dactyloïdes* (Lk.) Assez commune dans les pierres. M. F.

Pholade striée, *Pholas striata* (Lin.) Dans les pierres des endroits profonds. M. F.

Pholade scabrelle, *Pholas candida* (Lin.) Commune dans la vase. M. F.

Gastrochêne modioline, *Gastrochœna modiolina* (Lk.) Peu commune. M. F.

FAMILLE DES TUBICOLÉS.

Taret commun, *Teredo navalis* (Lin.) Très-commun dans tous les bois jetés à la côte. M. F.

MULLUSCOIDES.

TUNICIERS.

ORDRE DES ASCIDIENS.

FAMILLE DES ASCIDIES SIMPLES.

Ascidie intestinale, *Ascidia intestinalis* (Lk.) Nos côtes.

FAMILLE DES ASCIDIES COMPOSÉES.

Eucèle rosée, *Eucœlium roseum* (Lk.) Nos côtes.

BRYOZOAIRES.

ORDRE DES CYATHICÈRES.

FAMILLE DES BRACHYSOMES.

Eschare foliacée, *Eschara foliacea* (Lk.) Assez rare. rade de la Rochelle. M. F.

Cellepore ponce, *Cellepora pumicosa* (Lk.) Nos côtes.

Flustre paryracée, *Flustra papyracea* (Flem.) Assez commune sur nos côtes. M. F.

Flustre toile de mer, *Flustra telacea* (Lk.) Très-commune sur les fucus. M. F.

Flustre pileuse, *Flustra pilosa* (Lk.) Commune sur les fucus. M. F.

Flustre foliacée, *Flustra foliacea* (Lk.) Commune à de grandes profondeurs.

Millépore informe, *Millepora informis* (Lk.) Assez commun sur nos côtes. M. F.

Millépore cervicorne, *Millepora calcarea* (Lk.) Peu commun sur nos côtes. M. F.

ZOOPHYTES.

ECHINODERMES.

ORDRE DES PÉDICELLÉS.

Astérie vulgaire, *Asterias rubens* (Lin.) Très-commune sur nos côtes. M. F.

Astérie frangée, *Asterias aranciaca* (Lin.) Peu commune sur nos côtes. M. F.

Astérie patte d'oie, *Asterias membranacea* (Lk. Très-rare. M. F.

Astérie exiguë, *Asterias exigua* (Lk.) Rare. M. F.

Astérie glaciale, *Asterias glacialis* (Lin.) Peu commune, basses mers. M. F.

Ophiure cassante, *Ophiura fragilis* (Lk.) Assez commune sur les côtes de nos îles. M. F.

Ophiure lezardelle, *Ophiura lacertosa* (Lk.) Assez commune sur les côtes de nos îles. M. F.

Ophiure hérissée, *Ophiura echinata* (Lk.) Assez commune sur les côtes de nos îles.

Comatule brachiolée, *Comatula brachiolata* (Lk.) Commune sur les côtes de nos îles. M. F.

Oursin commun, *Echinus esculentus* (Très-commun sur nos côtes. M. F.

Oursin livide, *Echinus lividus* (Lk.) Commun sur nos côtes. M. F.

Oursin miliaire, *Echinus miliaris* (Ag.) Commun sur nos côtes. M. F.

Oursin courtépine, *Echinus brevispinosus* (Risso.) Rare. M. F.

Spatangue cœur de mer, *Spatangus purpureus* (Lk.) Assez rare. M. F.

Spatangue arqué, *Spatangus arcuarius* (Lk.) Quelquefois jeté en abondance sur les côtes de Royan.

Amphidète en cœur, *Amphidetus cordatus* (Lk.) Assez rare. M. F.

FAMILLE DES FISTULIDES.

Holothurie à bandes, *Holothuria vittata* (Lk.) Rare sur nos côtes. M. F.

Holothurie tubuleuse, *Holothuria tubulosa* (Bl.) Rare sur nos côtes. M. F.

Holothurie écailleuse, *Holothuria squamata* (Lk.) Rare sur nos côtes. M. F.

ACALÈPHES.

ORDRE DES ACALÈPHES SIMPLES.

FAMILLE DES MÉDUSIDES.

Rhizostome de Cuvier, *Rhizostoma Cuvieri* (Peron.) (vulgairement Gelée de mer). Très-commune dans la mer. Vient constamment s'échouer sur nos plages. M. F.

Cyanée bleue, *Cyanea lamarkii* (Peron.) (vulgairement Ortie de mer). Nos côtes.

Biblis d'Aquitaine, *Biblis Aquitaniœ* (Lesson.) Commune sur les plages.

Velelle mutique, *Velella mutica* (Lk.) Assez commune sur nos côtes.

ORDRE DES ACALÈPHES HYDROSTATIQUES.

FAMILLE DES PHYSALIDES.

Physalie pélagique, *Physalia pelagica* (Bosc.) Rare. M. F.

Physalie utricule, *Physalia utricula* (Esch.) Très-rare. M. F.

POLYPES.

ORDRE DES ZOANTHAIRES.

Actinie ridée, *Actinia senilis* (Lk.) Très-commune sur nos côtes.

Actinie verte, *Actinia viridis* (Lk.) Très-commune sur nos côtes.

Actinie brune, *Actinia effœta* (Lk.) Très-commune sur nos côtes.

Actinie rouge, *Actinia rubra* (Lk.) Très-commune sur nos côtes. M. F.

Actinie linéole, *Actinia lineola* (Lk.) Très-commune sur nos côtes. M. F.

ORDRE DES ALCYONIENS.

Alcion granuleux, *Alcyonum granulosum* (Lk.) Assez rare sur nos côtes. M. F.

Alcion tuberculé, *Alcyonum tuberculosum* (Lk.) Rare. M. F.

Alcyon enveloppant, *Alcyonum incrustans* (Lk.) Commun. M. F.

Alcyon pain de mer, *Alcyonum paniceum* (Lk.) Assez commun.

Lobulaire digitée (Alcyon), *Lobularia digitata* (Lk.) Assez commune. M. F.

Lobulaire maindeladre (Alcyon), *Lobularia palmata* (Lk.) Assez commune.

Pennatule rouge, *Pennatula rubra* (Lk.) Assez rare. M. F.

Gorgone verruqueuse *Gorgona verrucosa* (Lk.) Assez commune. M. F.

Gorgone sarmenteuse, *Gorgona sarmentosa* (Lk.) Rare. M. F.

ORDRE DES SERTULARIENS.

Sertulaire operculée, *Sertularia operculata* (Lk.) Assez commune sur nos côtes. M. F.

Sertulaire sapinette, *Sertularia abietina* (Lk.) Commune sur nos côtes.

Sertulaire polyzonée, *Sertularia polyzonias* (Lk.) Assez commune sur nos côtes.

Sertulaire naine, *Sertularia pumila* (Lk.) Très-commune sur nos côtes. M. F.

Sertulaire cupressine, *Sertularia cupressina* (Lk.) Assez commune sur nos côtes.

Sertulaire tamarisque, *Sertularia tamarisca* (Lk.) Commune sur nos côtes.

Tubulaire indivise, *Tubularia indivisa* (Lk.) Assez commune sur nos côtes. M. F.

Plumulaire à crête, *Plumularia cristata* (Lk.) Assez commune sur nos côtes.

Antennulaire simple, *Antennularia indivisa* (Lk.) Assez commune. M. F.

Campanulaire grimpante, *Campanularia volubilis* (Lk.) Assez commune. M. F.

Campanulaire verticillée, *Campanularia verticillata* (Lk.) Assez commune.

SPONGIAIRES.

Eponge rameuse, *Spongia ramosa* (Flem.) Commune sur nos côtes. M. F.

Eponge oculée, *Spongia oculata* (Lk.) Assez rare.

Eponge perforante. *Spongia perforans* (Duvernoy.) Sur l'Ostrea hippopus.

PLANCHES

PAR

M. L. DE RICHEMOND.